南富士育人丛书

杉山育人笔记

日本著名人才培养大师
三十年职场育人精华

杉山定久 ◎ 著

中国人民大学出版社
·北京·

编辑手记

我常常在想，身体素质、智力水平都差不多的两个人，从同样的学校、同样的专业一起毕业，为什么若干年后，财富和地位却可能产生难以逾越的巨大差异？"拼爹"提供了一种解释，但无法解释为什么相似家庭背景的人也会产生如此巨大的差别。"机会"提供了另一种解释。但无法解释为什么机会偏爱一些人而嫌弃另一些人。是啊，为什么有的人总会得到"机会"的垂青而有些人却得不到呢？如果我们能找到"机会"背后那双神秘的手，是不是我们可以更大程度上掌握自己的命运？

《杉山育人笔记》为我们找到这双手揭开了一层帷幔。杉山先生经营着一家成功的企业，在几十载的经济风雨中，他阅人无数，把许许多多普通年轻人培养成各行业的精英，是一位著名的人才培养大师。他提供的解释是"发觉"。"发觉是一切的原点，主动发觉并善于发觉的人，成长很快"。可什么是发觉呢？

发觉意味着眼观六路、耳听八方，留心周围的人和事，做出相应的行动，而不仅仅是坐在自己的座位上低着头等待指令。

发觉意味着主动发现上司的想法，给他制造"惊喜"，仅仅是完成指令不会令他欣赏，做到他想到但没有让你做的，他会对你刮目相看。

发觉意味着不拘一格，提出惊人的创想。虽然你也许没有机会经常异域旅行来刺激创意，但哪怕上班换一条线路也有助于创意的产生。

发觉意味着发现工作中的快乐，在小事上给自己找乐儿，把枯燥的工作变成享受。

············

杉山先生说得很对，学生时代，基本称得上"机会均等"，不管平时是用功还是偷懒，每一个学生都有资格参加考试，平等地拥有被评价的机会，成绩好的同学因此得到认可。但步入社会以后，机会再也不是"均等"的了。在"参加考试"前，必须先靠自己争取到"考试"的机会。而这，往往产生一个自我加强的循环：那些被机会垂青的人，不断得到更多的机会，而得不到的人，却永远也得不到。

想改变的读者，从"发觉"做起吧。也许有一天，你会为发觉小事累积出的巨大成就感到惊讶。

曹沁颖

2013.5.31

序

　　杉山定久先生是我的老朋友，也是许多中国年轻人的良师益友，第一次见面我就感到他身上有一种很强的思想者、领导者的气场。虽然身为企业家，他却像一名教师一样对发现和培养人才有着浓厚的兴趣，除了将育人作为企业经营的根本，他还在中国持续进行着三种人才培养事业：杉山播种奖学金、GMC（Global Management College）、大学生职前培训。所以，我们毫不犹豫地邀请杉山先生做我校外国语学院的客座教授。事实证明，他给了我们专业无可替代的正能量。

　　杉山先生的育人魅力在于根植生活、言传身教，他总能以一种饱含温度、润物细无声的方式让年轻人有启发、有改变、有成长。他持之以恒的勤勉尤为令人钦佩，我知道他一直坚持做一件事，就是十几年来，每月 8 日、18 日、28 日，他的员工和学生都会收到他的书面感悟，而其中的精华，都集中体现在这本《杉山育人笔记》中。

　　文如其人，这本书虽为笔记，却自成一体。发觉、分析、行动、梦想、创造、人格魅力，由浅入深、厚积薄发。每个主题都有不同的生活场景、不同的心得体会，由自动扶梯到主动发觉的习惯，建议人们不要让每天的生活程式化；从人与人之间的谈吐差别到信息搜集和分析能力，建议人们及时清理办公桌、提交一张纸提案、工作电话控制在 3 分钟以内；从求职风波到执行力、时间管理；从员工流失到建立一家有梦想的公司的过程……杉山先生在育人实践中一以贯之注重人格魅力培养，注重人的心态、沟通和礼仪，由八角形住宅谈到创造力、领导力，既高屋建瓴又细致入微，无不循循善诱、娓娓道来。我想这些是我们这些常年在象牙塔里钻研的学者们难以向学生传授的。

朱子读书法有云，虚心涵泳、切己体察，我建议读者诸君用这种方法来阅读本书。本书虽不能贵为圣贤经典，但也会对大学生成长、教育工作者育人、企业改善经营具有深厚绵长的启发、激励作用，因为本书大都是现身说法，有思想有实践，消除了与读者之间的距离。

拜读了本书的全文，倍感受益，粗浅见解，略表对杉山先生的谢意和尊敬之情。作为对华友好的日本企业家，杉山先生始终坚信民间经济文化交流将超越国家政治的角逐。《杉山育人笔记》，虽是涓涓细流，也必将汇入中日文化交流的历史长河。

李俄宪

华中师范大学教授、博士生导师

日语系主任，外国语学院副院长

2013 年 5 月

前言

当今时代，科技日新月异。中国·亚洲的发展速度更是惊人，令世界瞩目。亚洲人口占世界人口的 60％，亚洲的迅猛发展让我们越来越深刻地感受到亚洲正在成长为一个大市场。21 世纪将会是"中国·亚洲"的时代。

我经营着一家小型日本公司，作为社长，我希望能将它建设成为一家"小而熠熠生辉的企业"。我们不希望重复别人做过的事情，目前开展的都是别人无法模仿的 Only 1、No. 1 事业。

我们公司从 30 多年前开始人才培养事业。长期以来，我坚持给成绩优异但是经济条件不佳的学生发放奖学金，给需要日语书籍的学生捐赠书籍，实现了日文书籍的二次利用。转眼之间，这两项播种事业持续时间已长达 30 年，在中国本土积累了广泛的人脉资源。现在，我也有幸受聘于清华大学、武汉大学等中国一流大学担任客座教授。

中国有很多优秀人才。然而，正如大家所知，要在当今社会生存，生搬硬套学校学到的知识是行不通的，因此，我就有了培养"世界领导"的想法，希望能给有巨大潜能的年轻人提供实践的平台，创造成长的机会。

现在，世界领导人才不足。不仅是领导，能够真正做好管理工作（例如收支计算）的人才也很稀缺。无论是在政界、商界还是非营利组织中，都存在领导人才不足的问题。

　　以往，在一个组织担任领导的人一般都是工作年限长、工作经验丰富的人。但是，当今是一个大变革的转折期，仅仅依靠过去的经验很难应对时代的快速变化。在我看来，当今领导人才必须具备两个素质：不受固定概念束缚的灵活的思维能力；不惧怕失败的挑战能力。为了在短时间内培养出能进行国际化管理的优秀人才，2005 年我在中国武汉创办了独特的人才培养私塾——Global Management College（GMC）。GMC 招募中国顶尖大学的学生并对其免费进行培养，能进入 GMC 学习的概率约为千分之一。

　　GMC 有三个基本的理念：人格魅力、管理能力及创造力。

　　对一个组织的领导来说，最重要的是人格魅力。重新审视一下自己的脸，就会发现每个人都有两只眼睛，两只耳朵，但却只有一张嘴。两只眼睛提醒着我们要认真观察，两只耳朵提醒我们应该认真倾听，一张嘴意味着不要说过多无用的话。

　　一个人的能力毕竟是有限的，但是若能和比自己更加优秀的人携手做事，成功的可能性就会无限增加。真正作为领导的人应该拥有让身边的人觉得"愿意为其而努力"的人格魅力。在我看来，对领导而言，"德"重于"才"。

　　GMC 培养的是经营者，并非单纯的管理人才。如果一个人眼光狭隘，总是只能看到眼前的利益，久而久之就会丧失梦想和希望。真正的 TOP，应该是右手持远大的梦想（目标），左手持现实（数字），既能用自己的人格魅力打动身边的人，又能使一个组织实现盈利。总而言之，优秀的经营人才需要有把控全局的管理能力。

　　时代向着无法预知的方向发展。一味重复过去的事情是没有未来可言的。只有人类才能够不断挑战，不断创造新的价值。

　　GMC 人才培养计划从启动到现在已经 9 年，200 多名管理人才从 GMC 毕业，目前作为经营者活跃在不同地域的各个行业。

　　在亚洲有多个国家、民族，国家之间在政治层面上存在各种问题。要解决这些问题并非易事，但是我始终坚信民间交流将是缓解国与国之间问题的一个突破口。我希望通过 GMC 的人才培养，在亚洲构筑一个巨大的领导人才网络，最终实现构建"专业经营者集团"的梦想。

21 世纪，是资本中心由金钱资本（money capital）向人力资本（human capital）过渡的时代。人才、人脉网络、信息等无形资产的力量逐渐凸显。人力资本的中心是人，是人才培养。即便是在一两个人的小组织中也会有领导者，领导者的素质在很大程度上制约着一个团队的成长。

"发觉"是一切的原点。主动发觉并善于发觉的人，成长很快。希望各位年轻的朋友在读完这本书后，能意识到发觉的重要性，并以此书为契机迈出成长的第一步。若能在大家成长的道路上尽到自己的一份微薄之力，身为此书的作者，我将感到无上荣幸。

目 录

第六章　创造力

第一章

发觉力

- 改变被动等待的习惯
- 主动抓住机会
- 改变每天的生活习惯,开拓视野
- 眼观六路
- 在工作中寻找乐趣
- 拿出惊人的创想
- 养成写发觉日记的习惯

不知从何时开始，我们经常可以看到，在车站、机场等地的自动扶梯或水平扶梯上，不是特别赶时间的人都站在扶梯的左边，而赶时间的人则从右边的空隙走。① 也许有人会想，那么着急的话还不如一开始就跑楼梯，何必要乘扶梯呢？可对那些急于赶火车或飞机的人来说，快一分一秒也很重要。或许是这个原因吧，渐渐社会上就出现了这样的"默契"：站着不动的人选择扶梯的左边，而右边则留给那些赶时间的人。

类似这样的默契，只是因为人们留意到有人要赶路，有心让他们便捷地通过，久而久之形成的，既非人为规定，也非强制执行。同样地，"约定"、"礼仪"或"礼节"之类也都出于人们"与人方便，与己方便"的心理，逐渐变成了大家共有的常识。

然而，只要存在一个"不会发觉"的人，这种好不容易才形成的默契就会被破坏。你也许见过这样的情形吧：大家都在扶梯的左侧站成一排，只有某个人站在右边，岿然不动，成为后面急于赶路的那些乘客的"大路障"。而这个"大路障"也许压根儿就没意识到这回事儿，所以根本不晓得自己已经成为后面人的"路障"。后面的人为了让他有所察觉，特意尽量靠近他，或故意干咳一声，可"大路障"依然故我，毫无反应。如此这般，不仅令扶梯的利用效率降低了，也令其他乘客感到不快。

或许有人会说，选择站在扶梯的左边、右边还是中间都是个人自由。按照这个逻辑，选择在扶梯上行走或赶路也当属个人自由吧。不过，如果仅仅因为"乘扶梯靠左站"这样的举动就能让大家感到快乐的话，我们每个人都应该从自身做起，发觉并行动，这就是所谓的"用心"。

在使用扶梯的时候，如果每个人都能留心周围的情况，那么人群就会变得更加顺畅有序。着急的人可以走得更快，或许就能赶得上列车了；不急的人也不会

---

① 日本乘电梯的习惯与中国正好相反。

被后面赶路的人推挤，因此更加从容。这样一来，既可以提高效率，也减少了人们不必要的生活压力。

就像使用扶梯这个例子一样，只要每个人都能够发觉这些细微的事情，大家就会变得愉快，不顺利的事情也会出乎意料地得到解决。生活中类似的例子比比皆是。

或者可以说，世界上几乎所有事情都适用于这个道理。事实上，有很多人因为不会"稍微发觉"，产生了不必要的人际之间的矛盾，或被卷入了公司同事间不必要的纠纷。无论是玩乐中还是工作中，乃至于日常生活中所有的场合，是否能"发觉"，决定了事情的成败。

只要大家能够学会"发觉"，就会养成好习惯。如果做不到的话，只会给别人添麻烦。做不到的原因就在于"发觉"某件事情之前，并没有留意到这件事本身。就像那个乘坐扶梯的人，旁若无人地突兀地站在右边，却压根儿不知道自己已成为"路障"。

或许有人会提议说，既然如此，不如一开始就制定规则："赶路的人靠右走，不急的人靠左站。"这样，即使不会发觉的人也会被强令靠在左边，不就畅通无阻了吗？不管做什么事，都依靠指南、规则来约束个人行为，这正是日本社会的现状。其结果就是整个世界都被规则束缚，人也只好变成循规蹈矩的机器人了。

在"规则社会"里生活的"规则人"，就像自动扶梯一样，一直以一定的速度朝一个方向持续前进，这样也许会获得成功。但是社会跟自动扶梯是完全不同的，社会发展时上时下、时进时退、时快时慢，总会出现不可预料的变化。这时，"规则社会"的缺点便暴露无遗了。

正因如此，对社会人来说，"发觉"的能力不可或缺。如果拥有这个能力，一个人的处境就会大为改善，人生际遇也会出现大转折。无论如何，这个世界不可能也没必要全都依靠规则来约束。是否会利用"发觉"和"关心"来弥补规则的不足，将会使得结果大相径庭。

在日常的社会生活和工作当中，"发觉"的意义重大。如果把上文所说的自动扶梯比作公司，那么每个员工都会"发觉"的公司和有"路障员工"的公司相比，其业绩恐怕会有天壤之别吧。乘坐自动扶梯时，如果一开始就没有发觉到后面有人赶路，也没意识到靠在左边站的人是为赶路的人行方便，当然也就无法应付随之而来的麻烦了。

总之，不管是动脑筋"机智"地处理问题，还是留心周围，不能做到发觉的话，一切将无从开始。

先发觉，后思考，再采取行动。归根到底，所谓"用心"就是这个意思。

对现在的年轻人来说，"发觉"、"用心"、"关心他人"之类的词汇，似乎成了彻头彻尾的"陈词滥调"。所以，虽然"要用心点"之类的话会被年轻人嗤之以鼻，被认为"俗气"、"婆妈"，但是从结果来看，使年轻人产生这样感觉的，不是别人，正是这些"婆婆妈妈"们。

无论是工作、游玩，还是运动，如果一帆风顺的话，就没必要改变一贯的做法。对于一支百战百胜的棒球队来说，打球顺序和出场队员都可以一成不变；但对于一支屡战屡败的球队来说，每次比赛时都需要苦下工夫，如考虑改变击球顺序、替换原有队员、琢磨战术变化。也就是说，在不顺利的时候，千方百计寻求并尝试解决问题的方法是很重要的。

第二次世界大战之后到泡沫经济破灭以前，日本的经济蒸蒸日上，如同一部专供上楼用的自动扶梯，总是处在上行、再上行的状态。那个高速发展的时代令人怀念——那时，国家和企业都不需要动脑筋，只要一以贯之、按部就班就行了；那时，也用不着那些能够发现问题、思考问题并解决问题的员工。只要一个人具备正确执行指令的能力，做事规规矩矩，他就是一名合格的甚至是优秀的员工了。

因此，战后的日本教育不提倡独立思考和发觉，而只是施行一种要求能够准确无误地执行指令的"奴隶式"教育。在学校，填鸭式授课、强调校纪校规等做法大行其道，不需要什么个人自由、别出心裁的独到见解，也不要求什么关心他人、体贴他人。在只知道考试竞争的教育环境中，这一切纯属多余。

但是，时易势移，现在的日本社会早已不是那支百战百胜的棒球队了。就像棒球队输球后需要改变击球顺序、替换队员一样，政府也已经提出了机构改革。但就现在而言，前景如何，仍然难以预料。

在这样的社会环境下，大多数企业步履维艰。正如每天报纸上充斥的"有史以来最高的失业率"、"裁员"、"减薪"之类字眼所反映的那样，现在企业的情况确实严峻。2012 年年底开始，很多企业开始倒闭，但这只是个开始，更糟糕的事情还在后头。如果企业仍故步自封的话，恐怕难以为继了。正是这样，企业需要拿出新招，渡过难关。

在这样的时代背景下，我们要求员工所掌握的能力跟经济高度发展时期已大不相同，过去那种能够正确执行指令的优等生已经过时了。

如今，需要的是"针对现状，懂得如何发现问题、思考问题并处理问题"的人。那些能够独立思考、别出心裁、随机应变、行动力强的人，才是现在社会所需要的人才。如果日本没有大量"善于发觉"的人才，那么社会和企业都将陷入山穷水尽的境地。

现在的你是否是一个善于发现的"有心人"呢？你是否能够体贴地交代工作呢？请自我检测一下吧。

在当今时代，那些被认为"掉队"了的人往往不会勤快地向领导汇报工作。接到一项工作后，此工作有无进展、有无问题、情况如何，他再也不向领导汇报。

这其实是职员最基本的礼节，但是令人惊讶的是像这样不擅长汇报工作的人比比皆是。

例如，领导交给你一项工作，用心一点的职员在领导要求汇报之前，就会主动做出出色的汇报。但这种"出色",对于不用心的人来说是一道难以逾越的鸿沟。

所谓出色的汇报并不是指提交正式的、厚厚的、严密详尽的报告书。善于汇报工作的人是"善于利用短暂时间的人",比如走廊上擦肩而过时、午休碰面时、临近下班时等等。

领导也不可能一天到晚都在考虑拜托给你的事情,可能只是在某一瞬间突然想到"不知那事办得怎么样了"。如果一个人能够抓住那样的瞬间,哪怕只是汇报三言两语,那他就是个出色的职员。领导会因为这三言两语的汇报而感到安心,汇报的职员也能节约制作具体报告书的时间,同时给领导留下好印象。这就是出色的报告。

不管有什么理由,如果职员不去汇报工作的话,那么把工作交给他的人就会感到焦急。见面的时候,可能就会生气地说:"那事到底怎么样了?"对那职员的印象当然也就大打折扣。被责备的职员就想"再也不能惹领导生气了",于是陷入了输不起的紧张气氛中。

虽然是做同样的事情,善于汇报工作的人就能得到下次机会,而不汇报工作的人就会失去第二次机会。可以说,这正是"差之毫厘,谬以千里"。千万不要小瞧了汇报这件看似不起眼的事,"菠菜原则"①:报告—联络—商谈——是商务人员的基本做事原则,也是公司考察职员的重要指标。这就使得公司出现了很多勤恳的"菠菜",当然不能说这些勤恳的"菠菜"不好。

只是"菠菜"最重要的东西是内涵。

对于"菠菜"来说,不是让你复述对方怎么说、说了什么,而是让你对此发表自己的看法及解决思路,这样做才有意义。

因此,上司并不想听"对于这个问题该怎么办呢? 请您告诉我解决问题的方

---

① "报告—联络—商谈"的日语字头读音正好与"菠菜"相同,故美其名曰之。

法"，而是想听"我想这样处理，您觉得怎么样?"这样带有自己意见的内容。

高明的人，能把自己的想法及实践结果合乎时机地告诉上司。

例如，一个高明的人在公司的走廊与上司擦肩而过时，会主动回答上司"那个企划怎么样了?"这样的问题，并利用这个绝好时机好好阐述工作的进展、自己的见解等等。这会给上司留下"这家伙真行啊!"等良好的印象。

但是，有些人若没有获得上司的指示就不会采取行动。这些"等待指示"的人，因缺乏判断能力而导致不逐一报告工作，让人坐立不安。

经常能发现有些人盼望着上司的归来，上司还没坐稳，他就去汇报情况。这样的人，就是所谓的"等待指示"的人。

作为上司，刚一回来就听到部下洪水决堤般的汇报，肯定会觉得无法忍受。上司需要确定的事情很多，比如外出时是否有重要的未接电话，是否有还未解决的邮件等。但是，"等待指示"的人只看见自己的事情，对于别人的事情，他漠不关心。

对于这样的人来说，"报告—联络—商谈"本身成了一项工作。

不管什么样的场合，都要养成阐述自己意见的习惯，但"菠菜"的内涵和时机都是非常重要的。

再细细想想，善于汇报和不善于汇报的背后其实隐藏着非常重要的一样东西——是否拥有一颗设身处地为对方着想的心。如果一个人能够设身处地去想，"对方是什么样的心情在等待呢?""我要尽快汇报免得他担心"，然后将这些问题记在心上，就算不刻意去做，也能做到抓住机会去汇报。如果没有抓住机会，证明了你没有"体贴"交代工作的人。有了体贴的心，就不用担心会掉队。事实上，很多优秀的年轻人正是因为没有体贴之心、无法发挥才干才掉队的。

说起"体贴"一词，人们容易误解这是"为了他人"，大家务必要记住，实际上并非如此，"体贴"的结果是有益于自己的。一份体贴就可以改变你在公司的际遇，这不是很合算吗?

事实上，要做到关心、体贴他人，做个善于发现的"有心人"，其实并不难。你只要掌握一些体贴别人的诀窍，就能工作得更愉快。

所谓体贴别人的诀窍究竟是什么呢？请从以下方面开始做起吧。

改变被动等待的习惯

不能积极展开行动、只知道一味死等的人是没有未来的！

在台风往东海、关东地区移动的那天，A 职员和 B 职员两人被要求在公司里待命。

A 职员是那种但凡接到命令，二话不说就会马上开始行动但却缺乏积极性的人。相反，B 职员是一旦自己察觉到什么就会马上开始行动但却因此而常常失败的人。

台风越来越近了。

B 职员一收到最新的台风预报就马上给部下发出指示，自己也往公司外面跑。但 A 职员却一直窝在电视机前，呆呆地注视着台风的最新动态。

为什么两个人的行动会有如此大的差异呢？

是因为 A 职员不像 B 职员那么有危机意识吗？不是。

是因为他不知道该如何去应付这种场面吗？也不是。

A 职员有危机意识，也清楚该如何去应对这种场合，他只是没去做而已。

也就是说，了解状况后，他想做的话还是可以做到的，但他就是没有去做。理由只有一个，那就是"没有接到上司的命令"。

最近，像这样只知道待命的年轻人越来越多。

"等待指示"的人，大部分不是那么细心周到。

比如说，上司虽然正为拿着很重的行李而烦恼，但他没说出来也没让你帮忙。

这时，如果你主动说："我来帮您拿吧！"，并主动伸出手来提行李，上司肯定会非常高兴。

但是，只知道等待指示的人却以"没有接到命令"为由，什么也不做。因为已经习惯了自己这种被动的状态，所以就完全不知道对方到底想要什么，在期待着什么了。

有种人总是在出现问题时抱怨对方不好、公司不好，甚至说社会不好，将责任转嫁到他人身上。

"要是有那个，肯定就完成了。"

"如果没有那事，肯定不会变成这样。"

这些都是他们的口头禅。

他们在下班途中、在酒吧说上司的坏话，将此视为排解忧愁的方法，视为唯一的乐趣。正所谓"物以类聚，人以群分"，这种人的周围往往会聚集很多同一类型的人。

他们的共同点是，有一种被动地等待工作的习惯。因此，一旦没有指示便什么也做不了。

但是，因为上司的指示也并非完全正确，所以即便按照指示工作，最后却失败的情况也是常见的。

然而，由于他们已习惯于被命令，无法随机应变地处理问题，所以只会一味地埋怨对方不好、发出指示的上司不好等等。

愤愤不平并不能解决任何问题。如果产生了不满，应该去思考具体怎么改进才能解决问题。可他们完全以自我为中心，只会将不满归咎于对方的失误。

其实，这种职员并不在少数，你的身边应该就有。

事实上，在现在的年轻人中，成为"填鸭式教育"的牺牲品而变得像这样"坐等指令"的比比皆是。他们已经习惯于以前那种被动的生活，完全没有独立思考、主动行动的习惯。

又如，刚来公司的新职员小 A 跟随领导外出。小 A 看到领导一直拎着重重的包，也知道要去的地方电车或者公共汽车又到达不了，只能坐出租车，然而他并没有主动去拦出租车。到了目的地，小 A 可能也想过帮领导把包从出租车上拿下来，但他却选择了袖手旁观。如此一来，领导对小 A 的印象就大打折扣了。

领导觉得："你这个人不会去主动拦出租车，也不会帮忙卸行李，真是一个木头人。"

那么，为什么小 A 知道这些情况，仍然袖手旁观呢？归根到底，就是前文所说的"发觉"、"思考"、"行动"这些问题了。

小 A 是没发觉吗？不是。小 A 当然知道领导的包很重，也知道公共汽车到不了目的地。

是他不会思考吗？也不是。小 A 明明知道要坐出租车去，也明明知道从出租车上卸下沉重的行李比较困难。

那么是否因为没有行动力呢？似乎可以这么理解。不过拦车或帮忙卸行李也不需要多大的行动力。也就是说，小 A 了解情况，想做也能做到，只是没去做罢了。他到底为什么没做呢？

归结为一句话，答案就是"因为领导没有命令他去做"。总之，小 A 总是在等待领导的指令。如果有指令，他就能完成得很棒，但如果没有指令就什么都不会去做。

如果想要获得成功，一定要尽早摆脱这种状态。

这种被动的人，在工作中得到领导的帮助或具体的建议时，不会说"谢谢"或"给您添麻烦了"之类的简单的话。

他们不是讨厌领导，也不是在与领导闹矛盾，而是认为领导照顾自己、在工作中帮助自己是理所当然的，所以完全没想到要用言语表达谢意。这种人好像只有在领导放弃休息时间帮助自己完成工作的特殊情况下，才会道一声"谢谢"。

否则，一句感谢话也不会说。

被动的人不仅做事被动，而且认为别人帮自己做事也是理所当然的，这样一来，机会自然就不会降临了。

在二十几岁的男职员身上常见到这种"被动"现象：你不主动提问，他也不会提出任何问题，简直是彻底的"被动者"。

他们一到公司后就径直坐到自己的办公桌前，开始低头干活，自始至终都不抬一下头。这种低着头朝下看的动作不仅是被动的表现，而且也是一种娇气的表现。

也就是说，他们"低着头朝下看"的动作等于在说："请来跟我打招呼吧。"他们这样做，是在等着别人过来打招呼。

这种类型的人在补习班里学习时，也总是安静地坐在课桌前等待温柔的老师来叫自己的名字。但是公司不是补习班，如果你不改变"低着头被动等待"这个习惯的话，是不会有人来跟你打招呼的。老实地低着头，不被人理会，一步一步地掉队，最后就会慢慢被人们淡忘。

从出生时代这一点来说，有这样性格的职员，大部分是"婴儿潮一代"的孩子，也就是指他们的父母是"婴儿潮一代"。

二战以后的婴儿出生高峰中，"婴儿潮一代"的人有很多兄弟姐妹，在这种环境中长大的他们一直认为"自己小时候没有得到无微不至的照顾"。因此，他们对自己的小孩总是关怀备至，再加上出生率不断降低，"少生优育"的观念流行开来，在这样的社会环境下，便出现了"父母为孩子代劳"这样的抚养方式。

在学校里接受填鸭式教育后再去参加补习班，一回到家就看电视，其他所有的事情都由温柔的父母代劳。结果"婴儿潮一代"的孩子不仅做事被动，而且形成了"别人代劳是理所当然的"的性格。

主动抓住机会

所谓好的人生就是充满机遇的人生。所谓好的企业就是充满机遇的企业。

遗憾的是，并不是所有人都能认识到机遇不等人、也不可以储存这个道理。只有感受到机遇的存在、抓住机遇，才可以顺利进入下一环节。用一句话来概括，那就是无论怎么等待，机遇也不会从天而降，所以必须主动去争取机遇的垂青。

"我在学生时代很优秀，可到公司上班后，似乎总是怀才不遇"，"我学习一直很棒，还毕业于名牌大学。领导要求做的事情都能完成，业务水平中上，也具备一定的能力，可就是得不到公司的好评"……你身边有没有如此烦心的人呢？

实际上，为此困惑的人还真不少。

这种人的致命错误在于，对"机会"的认识还停留在学生时代的想法。

学生时代的机会是被"平等赋予"的，这就是所谓的"机会均等"。考试就是一个典型的例子，不管你平时是用功还是偷懒，所有学生都可以参加考试，平等地拥有被评价的机会。

学生时代的尖子生可以通过这样的"机会"取得公认的佳绩，只是在社会上这样就行不通了。一旦步入社会，在"参加考试"前，必须先靠自己争取到"考试"的机会。因为机会不再是他人赋予的了，而要靠自己去争取。

在这种环境中，即使你有实力，但总是不去发现、发觉的话，就永远得不到好评，也很难在公司获得良好的发展。而在社会上，机会并不是平等的。一般而言，那些总被机会垂青的人，经常获得更多的机会，而得不到机会的人却永远也得不到。

总之，学生时代的机会是"平等赋予"的，而步入社会后，机会却是不平等的，要靠自己去争取。所以，如果你一直在为在公司里没有获得机会而愤愤不平，就必须尽快转变观念，才可能一帆风顺。

很多人都认为自己从未被机会垂青过，但他们中的一大半应该是拥有过机会的。他们之所以会这样认为，是因为在机会来临时没能够认识到，于是将其白白浪费掉了。

其实机会是完全有可能降临到任何人身上的。话虽如此，任何人都不能也不敢奢望机会一而再再而三地降临。为了抓住有限的机会，机会来临的时候必须怀着极高的警觉，认清它的难能可贵。

要怎么做才能抓住机会呢？

能够扭转乾坤的就是"用心"、"留心"。首先，要主动去发现问题；其次，要比其他人更加细致地注意和留心周围的情况，也就是做事时比其他人多长一个心眼。

最后，我认为最重要的就是，在机会来临时必须果断地作出判断，并积极地去面对。不管是谁都希望获得成功，希望实现自己的价值。为了达到这些目标，必须利用好机会，也就是说，当机会垂青你的时候，一定要有积极的状态，如果你不能立刻发觉、意识到，悄然之间机会就会离你远去。我身边就有很多这样的例子。

有一次我想跟 H 君聊聊天，所以就主动问道："你现在有时间吗？"结果没想到他回答说"我现在有点事情，不好意思……"我得到这个听上去理所当然的回答后就离开了，毕竟是我突然去找他的。

但如果换作是我，突然被一个很重要的人搭话，会怎么做呢？在说自己的安排（也就是自己的主张）之前，我至少会先问对方"你有什么事情吗？"因为我明白，机会不等人，也不能储存，所以应该在允许的范围内，尽可能地改变自己的安排，活用对方给予你的每一次机会。

无论何时，心里都要记着"好好利用每一次转机，创造机会"的念头，在表达自己的主张之前全面考虑，不断扩大各种各样的可能性。如果一直用"以自我为中心"的状态生活，不去发觉，就无法看到周围的情况。最终对方也不会想跟你再打一次招呼或者给你机会，更不用说别的了。

通过稍微改变一下自己的时间安排，就能拓宽自己的道路，何乐而不为呢？注重自己的工作里、人生里的每一次转机，为自己创造机会，改变人生的宽度和深度。人生中一点点的差别都是不可忽视的。

简单来说，在这个社会中，无法获得机会的原因只有一个，那就是生活态度的"被动性"。只会被动等待的人对领导安排的工作也许完成得并不逊色，但他也就这点水平。只会这样做的人，是得不到任何机会的。

能够抓住机会的人都是能够主动发觉、主动挑战的人。因为他们知道，机会不可能停留在原地等你，为此只能集中精力，勇往直前地抓住机会。

机会是可以扩张的，能将机会放大的原因，我认为在于与很多人的接触。

在不同场合都积极地和其他国家、公司、行业的人交流，从对方那里获得信息和知识的同时，也给对方带去些什么。这样的交流会产生很多全新的想法和机会。通过与许多人的交流，不仅仅能够得到知识和信息，也可以开阔自己的人生。

改变每天的生活习惯，开拓视野

我总觉得，在同一个房间、同一个位置的座位上坐久了以后，看法、想法、做法都会变得千篇一律，故步自封，很难再产生新想法、新构思。

于是狠下决心决定对公司的人员座位进行新的调配。果然，坐得久的人有意见了。在对他们说明了我的意图后，强行要求他们把座位换了。当然，怎么换完全由他们自己安排。虽然座位的移动及文件的整理花了很长时间和精力，但结果却换来了公司全体成员的感谢。

换座位期间，我观察到了很有趣的现象。周围其他部门的人表现各不相同。

- 很积极地响应并大力帮助的人。

- 不太积极（不太情愿）地提供帮助的人。

- 只埋头做自己的事，毫不关心其他事，就算发觉了也没有任何行动表示的人。

- 完全没有留意到周围的事情，也没有任何行动的人。

对待同一件事情，却有如此大的差别。

在不同部门中，由年轻员工构成的部门，换座位的第二天，都整理好了自己的资料和桌子，整个部门面貌焕然一新，这过程中我切实感受到"年轻"就是能快速采取行动，我期待并相信那个部门一定能产生新想法和新构思。

之所以让员工调换座位，是因为我相信，人不能仅仅只重复做同一件事，必要时主动做个大改变，也许从中会有新发现。

很多白领都选择在固定的时间起床，按老规矩出门乘车。可是，当一个人一直走相同的路，一直穿相同的衣服，一直吃相同的食物，一直与相同的一些人交往的时候，会陷入一种单一行为模式，这时是很难产生什么新想法的。

因为这种状态很轻松，不需要人去思考。渐渐地，会变得过于依赖日常生活中所养成的习惯，会产生一种惰性。久而久之，就会丧失发觉新事物的能力，更不用说产生新的想法，有什么创造了。

也许你是因为"这样做下车时离阶梯近"、"换车比较容易"等原因选择在同样的地方乘车。从好的方面来说，这是因为善于用心观察，知道每个站出口的阶梯在哪儿，才这样去做的。但你是否知道这不做任何变化、中规中矩的生活正是限制你视野的原因之一。

如果哪天试着走不同的一条路，坐不同的一班车，你会看到很多平常看不到的东西，视野也变得广阔了。

拥有开阔的视野其实就是掌握对各种事物的看法和想法，所以一般而言，博览群书、心怀好奇、挑战困难等都是开阔视野的方法。但在日常生活最常用且只

要稍加留意就能做到的是"不要让每天的生活变得程式化"。

曾经有个家庭主妇问我："我去的那家超市里没有豆芽菜，我该怎么办呢？"我也不知道该怎么回答她。我问她："你是不是每次都去同一个超市呢？"她回答说"是啊"。于是我对她说："距离你常去的那家超市车程5到10分钟以外的地方，还有很多别的超市或者购物中心，对吧。试着不要总是去那一家怎么样呢？也许除了能找到豆芽菜以外，还会有更多的发现呢，比如新鲜又便宜的蔬菜……"她点了点头，对我的说法表示同意。

行为模式单一的人做事时视野狭窄，也懒得思考。在别人看来，这样的人是很没有魅力的。为了成为别人想要再次见到的有魅力的人，请你试着稍稍改变一下自己的生活习惯，从改变每天的生活方式开始，努力拓宽自己的视野和行动范围吧。

话虽如此，改变早已熟悉的生活习惯，制定全新的时间表，开始另一种生活毕竟不是一件容易的事。所以，不妨首先从上下班的安排上着手吧。

你在每天都乘坐的那辆车上看到的都是已经看惯了的风景吧，所以，这时候你可以改变一下上班的车次，或者仅仅稍微改变一下地点，你所看到的一切将会呈现另一番景象。

另外，稍稍提前一点时间也是不错的方法。比如乘坐比已经习惯的那班早十分钟的电车，或许你能获得从未拥有过的体验，如"它其实是很空的"等等。

甚至尝试一下改变坐车时习惯的位置也有利于拓展视野。总是坐在最前排的人，如果坐到车厢后面，可能会看到一个不同的世界。在车厢后面，会有新发现，学到新事物，慢慢地视野也就开阔了。

在车站和公司间来回走相同路线是很乏味的，不如偶尔去走走不同的路线。有时为了弥补运动不足，可试试先步行一站再坐车，这样一来肯定又会有新奇的发现。

不仅仅是坐车，有时候避开常去的快餐店，而去探访一下杂志上介绍的小店也是很不错的。

被登在杂志上必然有原因，比如是因为它的价格、味道抑或是地理位置的优点。与杂志上登载的内容作下对比，给出自己的分析，说不定另有一番情趣。

就像这样，稍稍用点心，你的视野就会豁然开朗。

如果你觉得自己明明加班到了深夜，工作还是没有进展的话，不如试着将自己的行为方式由"夜猫子型"改为"百灵鸟型"，说不定效果反而很好。换一种加班方式，提前一小时上班试试看。头脑应该比夜晚清醒，心情也会觉得比较轻松。

人只要稍微改变一下行为，心境就会大有不同。

要想拓展视野，就应该采用与平时不同的角度看待事物，这时你会发现其乐无穷。在你每天生活的房间里，有时像猫狗一样从低处看、有时站在饭桌上从高处看，可能会有新奇的发现。请再次审视一下自己的生活方式和行为方式吧，当然最重要的就是抱着以此为乐的好奇心。

用头脑思考、锻炼头脑、产生独特想法的最后诀窍就是激活自己。

身处在每天同样的时间做同样的事情这样千篇一律的生活中，是很难想出非常有趣的创意的。如果不去看看没看过的东西，不去经历让人感动的体验，不激活自己的头脑或感情，那么创造力的源泉就会枯竭。在此我推荐大家拿着笔记本去经历"异文化体验"。

说是"异文化体验"，并不是叫你去做很夸张的事情。异文化之旅是很容易的一件事，不去从没去过的国家旅行也可，不花很多金钱和时间也可以。

就拿你平时住的街道或上班经过的街道来说吧，也有从未去过的地方吧。你可以乘坐一下你从未乘过的电车，可以在没下过的车站下车，也可以在车站前随便逛逛。

一般工薪阶层，除去白天工作以外，也没多少精力做其他事。在你有时间时，请半天假，在白天去购购物，或去餐馆就餐，这些都可以说是非常有趣的异文化体验。

不管你平时是走路或乘电车，都可以享受不同的景色。

在体验异文化的时候不能忘记"必须带着笔记本"。发觉到新事物或突然浮现出新点子的时候，都必须把它记下来。

必须随时把这个笔记本带在身边，然后经常去看看记下来的那些点子。第二次看的时候，可能会觉得有些内容是无聊的。这些没用的点子就请不断地把它们扔掉，只留下觉得有趣的东西就行了。

这样在异文化体验中积累起来的笔记，肯定能让你源源不断地涌现新的创想。

拓宽视野，改变视点，激活自己的头脑，平时多留心去经历一些异文化体验，这样你肯定就会明白"发觉"的力量是无限的。

你只要花一点点时间就能注意到同一楼层的同事们都在做什么，他们有的似乎很忙，有的似乎很闲，有的外出了，有的在喝茶。大家也试着这样做做看吧，对周围环境稍稍留心，就会出现不一样的结果。

自己外出回来也是一样。坐在座位上，不要马上开始工作，而是先留心察觉周围情况吧。

回到公司，先环顾一下楼层，然后再开始工作，这仅仅需要几秒钟的时间，但这"几秒的时间"却相当重要。

眼观六路

在你身边有一些人总是低着头吧。

我认为低头这种行为是没有信心的表现。

在我举行过演讲的学校里，就有那些听演讲时不敢和我对视的学生。这是因为在他们心里有种不安，如果望着老师，就会被点名要求回答"针对这个问题你有什么见解？"之类的问题。

但是，最近我发现不仅学生是这样，交流时不敢抬头正视对方的商务人员的数量也在逐渐增多。

在某公司事务所工作的 A 先生就是那种类型的人。不知为何，他总是不敢望着上司的眼睛，即使在商谈事情的时候，也只是低着头说："是!"或"我知道了!"有时偶尔会抬头看一眼，但是很快又将目光移到身边的资料上去了。因为他始终都保持着这样的态度，所以出现了很多错误，不能得到上司的信赖。所以像这种交谈时不敢直视对方的人是不会有机会的。

事实上像 A 先生这类人，自己本身也为不敢直视他人而苦恼着!

"再这样下去是不行的。不想办法改变自己的话……"

于是，在这个信念的支撑下，A 先生正努力地改变着自己。

那么努力之后的 A 先生后来怎么样了呢? 抬起头来就能看清对方的表情了，许多没必要的错误也减少了。

像这样看着对方的眼睛交谈，才能知道对方想要什么，意图是什么。

一直以来因为不敢看着对方的眼睛交谈，所以 A 先生就不明白对方的想法，结果产生了很多错误。

在很早以前，就有"眼睛是心灵的窗户"、"眉目传情"这样的说法。我们在交谈过程中，不仅要注意对方的话语，还要从对方的表情中理解他们的想法。如果不这样，就无法透彻地理解对方话语的所有含义!

一定不要有"低下头就行了"这样的想法。

要想成为一个"有心"人，首先要掌握"自信地抬起头来，眼观六路"的训练方法，这并非难事。只要想方设法抬起头、抬高视线、扩展视野、细心观察，就能"察觉"到问题的所在。事实上，"自信地抬起头来"这听起来极为简单的事，对"被动地坐等指令的人"来说，却是很难做到的。

"一坐到自己的座位上，就请自信地抬起头来。"

一个人在公司里为什么要低着头呢？最简单的理由就是缺乏自信。

"没有自信，所以不想行动。"

因此，才会采取"低头"这个姿势来拒绝外界的影响。

工作是如此，运动、学习也是如此，如果总低着头，是做不好事情的。一个人能够做到昂首挺胸，才算是准备好了。低头是一种拒绝的姿势，也就是表示"我不想做"。

当然，实际上以这么明显的理由而低着头的毕竟属于少数。根据我的观察，正如前文提到的，大部分在办公桌前低着头的人仅仅是一种娇气的表现。

他们认为："我低着头，好像没有自信，这样肯定就会有人来关心我，上前来和我打招呼了。"只有被动的人才会有这种娇气的想法，他们所能做的仅仅是坐在那儿等别人来接近。这就是低着头的人的内心想法。

在童话世界里，说不定什么时候白马王子就会来找你，给你幸福。但是就工作场合而言，期待这种事情出现的想法真是愚昧之极。

很明显，低着头是一种充满负面情绪的状态，这样缺乏自信的人最终会被大家敬而远之。总有一天，谁都不会来跟你打招呼。

而且总是低着头会给人一种你非常沉闷的印象，最终就会错失机会、远离人群。所以，首先得下决心抬起头。没自信也要假装很有自信，这是必不可少的。

被认为是"有心"的人，他们总能先人一步觉察到问题所在；而低着头的人永远不可能觉察到重要的事情，因为察觉的前提就在于要抬起头来。

工作得力、讲话风趣的人往往是观察力敏锐的人。一同走路的时候，观察力敏锐的人能发现或察觉到很多有趣的东西，而迟钝的人对什么都是熟视无睹。察觉不到，就无法获取信息，导致交流时缺乏话题，也提不出自己的见解。这样一来，"用心"的行动何从谈起？

首先要抬起头来，自信地向大家展示活泼的一面，然后才能开始察觉和发现。

在日常生活和工作当中，只要通过改变一些细节，就能大大地提高观察力。

要想成为一个"有心"的人，首先必须搞清周围的状况。如果不先了解自己所处的状况、旁人怀着何种心情在做些什么等问题，就自作聪明行动的话，很可能会铸成大错。

平日的我，不论在什么场合都会习惯性地抬起头认真将现场环顾一周。也许就在抬头观察的一瞬间，获得了意想不到的点子。拿婚宴致辞来说吧。

你是否一直都是写好原稿然后机械地反复读呢？

我经常受人委托去做婚宴致辞。这其中，甚至包括与我素未谋面的朋友的女儿。

遇到这种情况，我有时会抽出时间去了解当事人，但通常还是会临场发挥而不是照本宣科。

只在脑中形成如"开头、正文、结尾"之类的整体框架，这个框架里面关键、详细的内容都是未定的。

一个无聊的致辞，会因为说了过多的琐碎事情而花费太多的时间，从而打乱婚礼的进度。

这时，好不容易记住的一些话就白费了。结合现场情景氛围，随机应变，是致辞的基本功。

经常一到会场，我就会认真"扫视"一圈，用自己眼前看到的东西，变成一些小话题插入。花也好，从某个场所看到的风景也好，如果以此为切入点，讲话人和听话人之间就有了共同的联系。

例如，假设季节是秋季，桌子上摆着菊花。新郎的父亲几年前去世了，一直付出所有的爱来照顾新郎的祖父，也因为年纪大了没能出席。基于这些观察了解到的事情，在最后阶段，我引用了"赏菊时，不要忘记默默培育菊的人"这句话对大家说："今天最为你们感到高兴的人，就是那些在背后默默支持你们的人！"整段致辞只花了三分钟左右，但是出席的各位嘉宾都对我说："真是令人感动的致辞啊，谢谢!"

像这种致辞的基本功，就是如何将自己看到的或想说的，在致辞中组织整理好。所以，从别人那摘取拼凑成的话，是没有任何意义的。

这就和礼物是一样的，即使写了原稿并完全把它背下来，也不能全部都传达给对方。首先，想清楚自己想说的是什么，然后，组织一下大概框架。请千万不要写原稿然后机械地反复读。

在工作中寻找乐趣

请试着把工作当成一种兴趣。

登山爱好者，不管多忙也会去爬山。在出发之前，也会认真准备：查看天气，找好路线，收集必要的资料和信息，然后带着沉重的行李去登山。这该有多大的能量和热情啊！这样的精力和热情是必要的，如果不做好所有这些事情，就不能安全登山了。

这就是所谓的爱好生巧匠。

但是如果路线和日程等都是别人安排的，那会怎么样呢？恐怕这样的登山也不会有多大乐趣了吧？

人对于自己感兴趣的东西，会在思考后付诸行动。但是在勉强被要求做什么事的情况下，动力就会减半，然后就开始偷懒，其结果就是很容易半途而废。这些不管是兴趣还是工作，都是一样的。

经常听到有人说"这种工作完全没有乐趣"，工作其实是没有无聊和有趣之分的，因为就算看上去无聊的工作，只要稍微下点工夫，就能变得有趣。现在大部分年轻人在就职时，很少有自己特别喜欢或想做的工作。因此，首先要想到的不是"从事自己喜欢的工作"，而是应该"在现有的工作中寻找乐趣"。

关键是要努力做好目前的工作，在工作中经历一些做得好的事情、体验满足感，这样，就会逐步找到自信，慢慢地寻找到自己喜欢的事情。

不管什么工作，一开始就很喜欢干，一开始就有实力的人实在是凤毛麟角。要找到"爱好生巧匠"中的爱好，需要付出艰苦的努力。

例如，你的工作是事务处理，通常要花费两个小时的事情，你决定缩短十分钟，花一小时五十分钟完成，利用剩下的时间喝点咖啡什么的，那会怎样呢？第二天再减少五分钟，然后再减少五分钟。最后，请试着计算一下最多能缩短多长时间。这样，工作好像变成游戏一样有趣。

若是做到这一点，被命令的感觉就会慢慢变淡，同时你还会去思考怎样做才能更快乐。可以说人生也是如此，花点工夫就能获得改变。

总是在一个地方，就只能看到同样的风景，偶尔尝试换个位置，就会发现不曾看到的事情。不管是工作还是游戏，请不要忘记只要你努力了，事情就会变得有趣。

在工作中寻找乐趣的过程实际上也是一个发现的过程，因为自己一点点地发现工作不再是一件痛苦的事情，从结果来看，受益的最终是自己。换句话说，"发觉"归根到底是"为了自己"，而并非完全为了社会、为了企业。当然，其结果也有益于企业和整个社会，这点请大家正确理解。

迄今为止我见过很多大学生和年轻职员，对他们我只想说一句话，那就是"工作能否顺心，其差别就在于是否能发觉和留心小事"。

善于发觉的人在工作中，不仅会经常获得机会，而且能够活用机会，并得到认可，因而，他们工作起来心情舒畅，与同事关系融洽。而那些能力差不多但不会发觉的人，在工作中无法获得机会，当然也无法得到认可，久而久之，就会形成恶性循环。

如果能"发觉"到小事，就能不断地发挥自己的聪明才智；相反，如果不会发觉，没有留意到小事，就无法展示自己的能力，觉得每天的工作很乏味。

一个人无法发挥自己的才能确实很可惜，偏偏现在这样的年轻人为数不少。

所以我奉劝年轻人，为了自己的美好前途，首先要会发觉、用心。最终可以使企业重获生机，也有助于国家社会的发展。

拿出惊人的创想

想出让人大吃一惊的主意是工作中非常重要的事情。因此首先必须学会观察别人察觉不到的地方，然后把它表达出来，最终结果就是要"让对方大吃一惊"。这正是所谓的"企划"这个工作的性质。

说到"企划"，大家可能会觉得听起来非常特殊、非常难。

只要你把"企划"想成"让对方吃惊（喜悦）的策划"，就没听上去那么困难了。

为了制造让对方吃惊的"企划"，就要去观察和发觉"别人正感到困惑的事情"、"别人觉得新颖的东西"、"让人感到安心或方便的东西"，并养成习惯。

例如，我最近在便利店买到一个特别的"紫菜便当"。

我工作的时候，大多是自己开车一出门。前几天我开车去信州出差时，中途突然觉得肚子饿，就跑到路边的 7 - ELEVEN 便利店买了紫菜便当。在车上吃的时候，觉得跟其他店的紫菜便当有些不一样，因为它包装得非常特别。

大家可能都知道，紫菜便当就是在米饭上铺满紫菜，然后再在紫菜上放上烤三文鱼块或炸鱼块和咸菜等。这个东西你吃一次就知道了，用一次性筷子撕开这紫菜是非常麻烦的。

但是这家 7 - ELEVEN 便利店的紫菜便当却一开始就准备好了方便大家撕开的裂口，所以操作起来非常轻松。

这个"在紫菜便当上预先准备撕开的裂口"的创想，可能就是吃的人在吃的一瞬间察觉到后突然想出来的。

从商品开发方面来说，那便当的产生就是开发人员平时发现了"别人感到麻烦的事情"，认为"有这个东西就好了"，其实也证明了他们一直在观察着自己公司的产品。

因此，像"紫菜便当"上这微小的不同也能让别人大吃一惊。确实，7－ELEVEN 便利店真的让人大吃一惊。

实际上，从销售业绩来看，7－ELEVEN 便利店 2012 年在日本零售业取得了第一的辉煌成绩。

销售额贵为日本第一的巨大企业竟然做到了在紫菜便当的紫菜上加了方便大家撕开的裂口，这种在细小的地方表现出对客户关心的行为真的非常棒。

以前日本的零售业销售额中超市是排在第一的，再往前百货店曾经排第一。也就是说，日本的零售业始于百货店，然后是超市，现在已发展为便利店时代。在这变迁的背后，能看到便利店在"紫菜便当"这么微小之处都没有忘记对客人的关心。

养成写发觉日记的习惯

成功和失败、成长与原地踏步、表扬与斥责、喜悦和悲哀……每天都发生着这样或那样的事。如果不去发觉，永远都不会知道每件事情背后的原因。

正如以前提到的，我建议那些刚开始锻炼发觉能力的人、进步很慢的人，或者那些总以自我为中心不怎么会发觉的人，每天都写写"发觉日记"。一篇也好，一行也好，最重要的就是把每天发觉的事记录下来。

从失败中发觉的事、从谈话中发觉的事、从报纸杂志中读到的、想到的或者令人开心的事，什么都好，每天都把它们写下来。这不仅是自己的成长记录，也是一系列事件的主轴，这本发觉日记本的内容还可以成为以后的谈资。

发觉有很多方式，思考、比较、实际体验、现场对比、被人指点等等。无论是哪一种方式，如果不将发觉的事情记录下来，很可能过一晚就忘了。但是通过写到纸上这一过程，可以在头脑中进行一次整理。

每天都把自己发觉的东西写下来，也是一个很好的自我变化成长的平台。因为这并不是写给别人看的，所以随意一点也可以。

不过，有一点很重要，记得把想到的东西切实地执行好，化作行动才行，关于这一点将在下一章详细阐述，这里就不多说了。

细想起来，用心、发觉的作用时刻贯穿于我们生活、工作的方方面面。

不知道读者中是否有人经常想："领导交代的事情，我都照办了，为什么还得不到表扬呢？""为什么我没有得到好评呢？"我希望这些发牢骚的人，想一想领导的"指令"究竟是什么。你在服从指令的时候，有没有动过脑子？答案肯定是"No"。

或者说，问题的"答案"就在"指令"当中。

接到指令，你去执行，但几乎不开动脑筋。按指令行事，就相当于别人告诉你数学考试的正确答案，你仅仅是把答案写在解答栏里而已。

值得表扬的人总是在接到指令以前，就先发现答案，在别人告诉你之前就完成了工作。

例如，当你身体不舒服时，虽然什么也没说，但你的女友（或男友）察觉到你身体不舒服，给你做些好吃的，帮你买药，你肯定会感激不尽，你就会想到"她（他）真是体贴啊"，而你们两人的关系肯定会比以前更加亲密。

相反，如果在你提醒她（他）以前，她（他）一点都没有察觉到你身体不舒服，直到你说"帮我去买些药回来"、"帮我倒点水来"以后，才按照你说的去做，这样你就不会有感激之心，甚至还可能发牢骚说："怎么没早想到？"

所谓指令即"答案"，其意思应该明白了吧。

因此在公司里，无论你把领导的指令完成得多么出色，都不会得到任何赞赏，就是这么一回事。

与男女恋人的关系一样，在公司的人际关系中，站在领导的角度看，无论多么细小的事情，只要你先去察觉然后付诸行动，就会让人既高兴又感激。因为在那个行动中，融入了你积极要求上进的良苦用心。但是如果按照指令去做，即使做同样的事情，对方并不会心存感激，更不用说赞美之词了。做同一件事，在领导发出指令前去做还是发出指令后去做，给对方的印象和获得的评价是截然不同的。

因此，做同样一件事情，就应该多加观察，争取在指令前完成，这样领导高兴，你也能获得好评，毋庸置疑这是上策。

"用心"或"不用心"的差别其实就在这里。先于他人察觉，并在指令发出前行动。只要能做到这点，别人对你的评价就会提高，会认为你是一个"有心人"，意想不到的机会就会不期而至。

从这个角度看，成为"有心人"也不是什么烦事、难事。"先于对方察觉"就是"有心"的起点。

尽管是这么简单而行之有效的方法，但是，很多人却无法做到，或者没有察觉到，以至于在公司中掉队。我非常希望至少本书的读者不会掉队。

希望大家认识到，现在是一个被认为绝不会破产的公司也可能破产的时代，公司被收购了都不再稀奇，终身雇佣制和年功序列制这样传统的日本雇佣形态也随之彻底改变了。也就是说，在这个时代里，大家失去了能在当前公司一直工作下去的保障。

即使在这样的时代，还是存在仅仅依靠公司名称生存的年轻职员。由于错把公司当成品牌，很多人不是以进入公司做什么而是以进入公司本身为终极目标。

这正是为了上大学而拼命学习，一进入大学就失去学习热情的高考制度的延续。依靠公司名称活着的人与这些学生没什么两样。

因此，他们遭受小小的失败就会感到受挫，变得心灰意冷，发牢骚说无法得到上司的认可。

怀着这种天真想法的人当然是无法在社会上立足的。

极端地说，公司的品牌和头衔是没有任何用的。重要的是，撇开这些头衔时，自己能做什么。

因此应该注意，在日常生活中就要认识自己具有什么样的商品价值。今后的职员们，不把自己作为一种商品在公司内外推销出去，就难以继续生存。

所以说应该知道自己的卖点，明确地把握自己的优势和劣势，经常思索能使自己充满吸引力的方法。找出自己的优点和缺点，改进不足的地方。

最近，除了公司的名片，有越来越多的人还会带着私人名片，这种做法不失为一种把自己与公司分离开来的好方法。

依靠公司名称生存的时代已经结束了。从现在起，依靠自己来生存吧。

不要再整天嘟囔埋怨"如果有××的话，就能做了"，因为那样不能解决任何问题。无论你做什么，在条件不足的时候，不要立刻把责任推给条件或环境，而是试着养成思考"用现有的东西安排看看"这样的习惯。

在某便利店的网页上，有一个题为"机灵诞生的冰激凌蛋筒"的文章。说的是装在冰激凌外面的这层脆脆的蛋筒实际上是因为某个人灵机一动而诞生的故事。

这件事情发生于美国的 1904 年的万国博览会。

因为冰激凌太畅销了，老板发现装冰激凌的杯子用光了。这时冰激凌店隔壁开华夫饼干店的老板就"灵机一动"，把华夫饼干烤得薄薄的，代替了冰激凌的杯子。据说这就是脆脆的冰激凌蛋筒的由来。

那么你对这位华夫饼干店老板是怎么想的呢？对这个饼干店老板来讲，当时隔壁冰激凌店的尴尬只是别人的事，自己完全可以熟视无睹。

但是这个老板却采取了积极的行动，靠灵机一动不仅解决了隔壁店遇到的麻烦，而且把它变成了自己的机会，使得自己生意兴隆。

所谓独特的创想并不是绞尽脑汁想出来的。就说这个华夫饼干店老板，其实他也只不过是想办法用手边现有的材料做成能代替冰激凌杯子的东西罢了。

工作也可以说是同样的道理。有的人不能很好完成工作的时候，会去找借口说"只要有了什么什么就能完成了"。可作为一个社会人来说，说这种话就表明你是不称职的。如果没有什么什么，就得考虑没有它该怎么办，去动脑筋想办法解决问题。更何况今后的社会经费削减会越来越厉害，所以越去思考怎样用更少的预算和现成的东西来安排工作，就越能锻炼脑子，这也是想出别出心裁创意的基础。

因此，请尽快将"如果有××的话，就能做了"的想法转变成"如果没有××的话，该怎么办"，不想方设法去做的话，就会一事无成。一事无成当然就别指望得到好评。对于坐等指令的人来说，用现有的条件来解决问题并不是一件容易的事情。

不会这样想方设法利用有限材料解决问题的人与日俱增的原因之一，就是现代社会的"规则化"。因为在现代社会中，从工作的方法到生活中的一切事情，都是按照规则来进行管理的。

对于管理者来说，提出一条条规则不仅可以提高做事效率，而且可以在事故发生的时候减轻责任；对于被管理者来说，只要按照规则办事，循规蹈矩，无需思索就可以完事，落得轻松。这就是为何社会变成这样的原因。

从这个角度看，规则化社会对于"坐等指令的被动人"来说是再合适不过的了。所以，坐等指令的人就越来越被动，越来越不机灵，社会也就陷入了恶性循环。

但是在这个社会中，规则不是万能的。不管是升学还是结婚，什么事情都按照事先估计的那样进行是不可能的，总会发生预料之外的情况，每个人的人生也总会遇到很多意想不到的情况，因此，能否随机应变成了决定胜负的关键。

有人说，"只有在发生意外事情时，才能显示出人类的真正本性。"确实，不遇到那些规则以外的情况，就很难看到一个人的真正实力。

在限速 100 公里的笔直高速公路上开车，我们完全无法判断司机的水平如何；但是如果当时前面突然发生了像翻车事故这样的意外情况，这个司机的水平就一目了然了。工作也是如此，如果只需要完全循规蹈矩的话，用机器人就可以了：被动的、坐等指令的人百无一用，自然得不到公司的肯定，何况这样的人到处都是。

读者里面也应该有爱好规则、循规蹈矩的人吧。如果你是那样的人，你会不会成为被公司随时替换了的"规则人"呢？

如今，真正需要的不是循规蹈矩的人，而是能设计规则、创造规则的人。

所以停止每天那些无用的嘀咕，尝试着主动地去察觉、思考、解决问题吧。请牢记，好创意的灵感往往就隐藏在对日常生活的不满之中。

例如，如果上司冷不防地说："写一份前所未有的企划书，本周内交上来。"恐怕大家都会感到非常伤脑筋吧。

其实，在企划案中，"从来没有见过""从来没有听过"的崭新东西是不存在的。

好的企划一般都是在"像在哪里见过"或"像在哪里听过"的基础上加上一些属于自己的想法而形成的。

但是，这些想法的起点都是为了解决经常说的"如果有什么就好了"这样一些小小的不满。手机就是最好的例子。

好不容易电话变得可以随身携带了，但又觉得如果还有照相功能就好了。正是以此为契机，手机才有了摄像和 IC 录音的功能。

这个创意的由来仅仅是为了解决那些觉得"只能享受一种功能"的人的不满。

就像这样，有不满，并以此为着手点，然后考虑应该怎样做才能解决，这样一来就能创造出新的企划来了。所以，解决微小的不足就是企划的起点。

之所以老是感叹没有头绪写不出企划，是因为虽有不满，却没深入思考。

人们常说："需要是发明之母"。被称做发明家的人，都会为了解决不满而废寝忘食绞尽脑汁地想办法使之得以实现。

若只看着同一方向，就会什么也看不到，必须试着转换视角。

我去访问企业时，一定会问到的问题就是"你现在最烦恼的事是什么？"知道了对方的烦恼之处，才可能与商机联系起来。只有养成这样的习惯，才会想出与别人不同的独特想法。这一点在销售行业体现得尤为明显。

这是我在某个量贩店里看到的情景：

一个销售新人，将产品说明书背得滚瓜烂熟，然后，像寻找猎物一样观察着顾客的一举一动。他负责销售的是最新型的超薄型液晶电视机。

一对三十岁左右的夫妇，站在电视机面前，看着那份薄薄的说明书。新销售员走向那一对夫妇，开始慢慢地给他们介绍电视机的性能。但是，那对夫妇，只是嘴里不断应付着："啊……哦……"却没有表示出对这台电视机有多大的兴趣。结果，销售员介绍了十多分钟电视机的性能等等，那对夫妇却只丢下一句："嗯……让我们再考虑一下吧！"便走向了另一个卖场。

你也一定看到过这种情景吧，为什么新销售员不能彻底抓住顾客们的心理呢？答案很简单：大部分顾客，不管你怎么一个劲地给他们介绍产品性能，他们都没法明白。比起给他们介绍产品性能，还不如用比较自然的方法在交谈中插入，比如：经常看什么节目？什么时间段看？等等。这样的话，就可以轻松地知道顾客的需求。

例如，如果知道顾客喜欢听音乐，就可以说"这款电视机可以提供亲临现场般的感觉，是其他型号无法比拟的！"这样的话，顾客的心情就会有所改变。当然，接下来就要看顾客怎么选择了，如果明确了顾客的需求，就可以切中要点加以推销。

牢记机器种类的相关知识只是销售最基础的前提。所以，销售需要的不再是"体力"，而是"沟通"和"体贴"。首先，捉摸透对方的目的是相当重要的！

再举个例子来说吧。

我认识的 T 君是一个 23 岁的年轻人，负责向 40 岁那个年龄段的人销售奢侈品，可是他销售成绩相当不理想。我见过他一次，从服装到发型都是典型的年轻人风格，吃的东西也是自己喜欢的那些，音乐也只听自己喜欢的类型……我想这样的他根本没办法理解三四十岁人的心情、想法和生活方式。所以，销售业绩不理想的原因已经很明了了。

作为一个销售员，不考虑对方立场的做事方式，只会让你的目标离你越来越远。想明白自己是谁，自己是什么立场，担任什么样的角色，对方又是谁，对方需要些什么，为此应该怎么做等最基本的问题，是解决一切事情的基础。

在日常生活中，每个人都可以亲身体会到，在过去的 10 年左右的时间里，日本社会发生了天翻地覆的变化。此前的日本处在经济不断成长的时代，工资持续上涨，人们有能力购买更好的房子、车子和其他商品，所以厂商也开足马力、大量生产，业绩也随之上升；反过来又促使工资上涨。

但是，现在不同了。公司前景不明、工资水平下降，人们因此不再购买新商品。消费者不买，生产者就只能控制产量，于是公司就每况愈下。也就是说，持续上行的"经济增长时代"已经结束，现在的日本进入了所谓的"经济成熟时代"。

在"经济成熟时代"，消费者不是持续地买入新商品，而是珍惜已有的物品，然后把有限的钱用来购买富有个性的商品，这种倾向越来越明显。随着形势的变化，商务活动和教育方式也都得随之变化。

以销售方法为例，以前的方法是"依靠体力定胜负"。也就是说，销售人员多多益善，但销售技巧无关紧要。以前评判一个优秀销售员的标准是跑了多少路，磨破了多少双鞋。

随着时代的变化，只靠体力评价销售成绩的标准完全不可行了。

消费者开始了解自己的需求，只把钱花在自己能够接受的商品上。他们不是没有钱，而是不买自己不需要的东西。对需要的东西，他们还是毫不吝啬的。这个趋势还将越来越明显。今后，如果销售人员不了解、无法满足顾客的需求，就无法让消费者乖乖掏腰包。如果还是照搬以前做法，不管磨破多少双鞋，你的商品还是无人理会。摸透消费者的心理就是一种"体贴"。

要知道顾客的需求，进而对症下药，向顾客提出"用心"的、明确的销售方案和计划，就必须与顾客密切接触，在与顾客交谈中挖掘出他们真正的需求。

在此过程中，销售员所要具备的能力包括：与顾客主动交流的能力、真正体察顾客心理的能力等。一直被动的人，是不会去交流的，不会体贴顾客，也就无法发现顾客的真正需求。

有个公司的老板，曾经亲自向顾客推销家庭用水场所如厨房、浴室的改造，获得了很大的成功。他曾经说过："我这是个小公司，我既当老板，又做销售，同时还是施工员。最难的就是销售，这个不能交给别人去做。有趣的是，人们通常不将家庭用水场所这样的地方给外人看。一旦给你看过一次，他就会与你产生一种特别的亲密感。但即使那样，客户嘴上也不会说他真正想改建的地方。销售员的才能就体现在能否读懂客户的意图。我渐渐地能从客户的眼睛中看出他的心思。做到这点以后，公司就开始顺利地发展起来。"

这席话意味深长。销售所要做的，首先是与顾客保持密切的关系，其次是察觉别人没有察觉出来的客户的真正心理。而上述两点恰恰是现在年青一代销售员最薄弱的环节。

上文几次提到的被动的人、坐等指令的人与他人的交流能力是很弱的，无话可说，也接不过话题。这种人是不可能与客户建立并保持密切关系的。何况他们认为饭来张口是理所当然的，自然就无法满足客户的需求。他们都是怎么做的呢？

他们没什么交际能力，擅长闭门造车，所以经常在脑子里构筑一些根本不考虑客户需求的提案和企划，还洋洋自得，孤芳自赏。这种孤芳自赏的提案是不可能取得什么业绩的，他们作为销售人员，当然也是不合格的。

相反，就像刚才提到的那位老板一样，如果能够和客户相互交流、体贴对方的话，就能够察觉到顾客的要求，在不景气的社会环境下也能够取得良好的业绩。在经济景气的时代，也许难以发现两者的差别，但是在当今时代，是否体贴对方，是否能够察觉细节的不同，会使结果有着天壤之别。

所以，今后的销售人员光是按照吩咐的内容去做是远远不够的。我们需要的是能提出匠心独具、富有个性的方案并能把它付诸实践的人才。

在本章的最后，我想忠告大家一定要做一个会提问的人，因为在某种程度上，提问也能反映一个人的发觉能力。虽然我的公司主要业务是屋顶建设和住房交易，但是中国茶叶贸易或人才培养等业务的开展都要接触到学生，所以每年都有五千多名学生蜂拥而至来参加公司说明会。

公司说明会上我也会亲自到场跟学生们进行交流，这种时候我都会问他们："你们有什么问题要问吗？"因为一般人都会认为面试就是被对方提问，所以都准备好了如何回答问题，却不能适应这种自己做提问者的情况。

我硬让他们试着提问，发现不少学生拙于言辞。这样的学生大部分都认为面试就是被别人提问。于是，有的人就只是按照自己准备的东西滔滔不绝，一点也没有注意到自己的话又臭又长。

但是，所谓的面试并不仅仅是听被面试者的说辞，事实上也是观察他们交际能力的机会。所以，如果一个人只专注于自我宣传，并不断地重复一些低级问题，就可以看出这个人的能力很低。

另外，通过提问的水平，也可以知道他们对我们公司到底有多大兴趣。

"无论如何我都想要在你们公司工作！"抱有如此热情的人，提出的问题也会很具体。相反，没有目的，只是抱着"如果我可以进公司该多好啊！"这种想法的人，只会问自己感兴趣的话题。比如有的人就会说："我希望我的工作岗位在某某地方。"不得不说,这样的学生交际能力很差。

此外,脸是我判断人才的重要标准。这并不是说看一个人长得多么帅或多么漂亮之类外在的东西,而是从他的面部表情看懂他的为人。眼睛炯炯有神、焕发光彩的人一定充满着活力。即使只有二十几年的人生经历,年轻人的脸也能展现出真实的自己。

发觉力自测表

1. 有没有多转转眼睛观察自己工作的环境？

2. 是否总是低着头坐在自己的位置上而不抬头？

3. 是否每天坐同一班车上下班？

4. 在乘坐电梯的时候是否有为匆忙的行人主动避让？

5. 是否留意过周围的同事正在做什么？

6. 是否能够向上司汇报工作？

7. 是否主动帮助过需要帮忙的同事？

8. 是否每天都精神饱满地与人打招呼？

9. 是否只是被动地等待上司布置工作？

10. 是否注意过身边可以改进的小事？

11. 是否有每天写日记的习惯？

12. 是否享受每一项工作？

13. 是否能在交流中了解对方真正的意图？

14. 是否有随时记录想法的习惯？

15. 是否只会回答别人的问题而不会问别人问题？

第二章

分析力

信息收集能力
- 不遗余力地多读书
- 不要忘记看报
- 珍惜现场的第一手信息
- 将所有东西都变为获得话题的媒介

归纳整理能力
- 你的办公桌杂乱不堪吗?
- 你提交的企划书集中在一张 A4 纸上了吗?
- 工作电话都控制在 3 分钟之内了吗?
- 你的名片都归类吗?

在第一章中我们对发觉能力进行了详细论述，但大家都知道，发现问题后不去思考如何解决它也是无济于事的。所以，毫无疑问，思考问题的能力是很重要的，我们也可以把思考问题的能力称为分析能力。思考问题的过程就是在发现问题后，利用身边所有可用信息、资源去思考的过程。这些信息在解决问题的过程中起着非常重要的作用，宏观地说，信息在描绘梦想、实现梦想、自身获得发展等每一个过程中都发挥着必不可少的作用。当然，信息需要经过选择后才能加以利用。我认为提高信息收集能力和归纳整理能力有助于提高你的分析能力，因为收集、筛选、整理、归纳的过程实际上就是对已收集信息进行思考和分析的过程。

信息收集能力

先给大家举个例子吧。

有一次，与 M 公司的 A 先生见面，我们边吃小吃边聊了两个小时，谈话的话题从政治、经济、文化一直到企业管理、人才培养，以及当今社会什么才是最重要的等等。通过彼此的 give & take，大大满足了我的好奇心，使我学到了很多东西。与 A 先生聊天过程中说到的能立刻拿来活用的事例很多，同时这些几乎都是很具体且简单易懂的。据说 A 先生一年会读 140 本书。我认为他是一个非常坦率、充满人格魅力的人。

后来，我又遇到了同一家公司的 B 先生。他在听了我的话以后，只会说"是啊"、"我也是这样想的"、"我完全有同感"……

之后，我不禁思考起来，A 先生和 B 先生之间有什么区别呢？这两人的差别在哪里呢？是学习量的不足吗？是地位（部门与职位）之间的不同吗？想了很多后发现，主要还是"所掌握的信息之间的差别"。

这里说的不是看报纸看新闻就能够得到的信息，而是"只有这个人才能得到的信息"，"对对方说有魅力的信息"，"收集各种各样的信息，然后总结起来，把它传达给必要的人"。所掌握的信息之间的差别造成了人的差别，也表现在成果与成绩的差别上。如果说知道的东西和不知道的东西之间具有 10∶0 的差别，加上智慧之后就会变成 100∶0 甚至更大的差别了。

那么，现在的你是 A 先生还是 B 先生呢？平日的你，在与人交谈时，会因为没有"谈资"而苦恼不已吗？

我在出席类似结婚典礼等仪式时，偶尔会看到一些与此截然相反的人，他们十分善于演讲，有时候甚至让人联想到专业演说家。他们说话有引子，内容本身也有趣，并有一个利索的结尾。这些人一般都引用妙语。因为能够把这些妙语与自己的逸事结合起来，演说就饱含真情实感。

成为这样一个优秀的演说家不是一朝一夕就能做到的，但可以通过收集日常生活中的信息丰富自己的"谈资"，进而取得进步。

也就是说，话题并不是我们真正要寻求的东西，需要寻求的是，将自己日常生活中的所见所闻转变为话题的方法。

那究竟有哪些可行的方法呢？

不遗余力地多读书

在学校给学生做企业招聘说明时，当说到"在包中有三本书的人将会被我们公司录用"的时候，很多学生突然没有了精神。学生们都把目光转向了自己的手提包。有很多学生说"平时带的，今天偶然没带"、"只有两本书可以吗"等等这样的话。我很久都没有见到包里总是带着三本书这样勤奋用功爱读书的学生了。

我认为，"包里装三本书"这样的标准并不仅仅针对学生，而是对所有人都适用的，因为读书这个好习惯的养成是不分年龄、职业的。

就像我们公司里的优秀员工，包里一般都装着三本左右的书。在历史小说、专业书、商务书等供选择的书中，喜欢的书尽量反复读三遍。的确，无论是多么难的专业书，若能反复读三遍，一般都能理解其内容及作者的意图。

另外，我要单独拿出来强调的一点是，这里我所说的是"读书"，而不是看书。

仔细想想，我们常说的是"看电视"、"看杂志"，但是一般不说看书，"看"和"读"之间究竟有什么区别呢？

看资料和读资料的人是有很大差别的。我曾经把同一份资料分别给了一名员工和一位客户，非常可惜的是这个员工只是看资料，而客户却是在认真地读资料。

所谓看，就是不加思考地轻松浏览一遍，人每天都看很多东西，数也数不清，记也记不住。而读是指带着思考去看文字和图片，加上思考、比较等一系列行为的总和，是需要同时用到眼睛和头脑的。

读了资料的那位客人，为了活用这些资料可能会去思考种种办法，制定计划，准备实施。通过一份资料能够起到这样的作用，我会感到非常高兴。

相反地，那位只是看了资料的员工就只会说"啊，有资料啊"。这使我感到失望。

以书为例，有不看书的人、看书的人、读书的人，各种各样。一点点小小的差别就会导致结果的不同。在某些时候对某些内容的书籍采取轻松看的方法是完全没有问题的，但在重要和基本的事情上，我认为需要养成读书的习惯。

首先，在信息收集方面，读书的作用不可忽视，它是最常见的一种学习方法。

读书分为扩大知识面的泛读与针对某一专业的精读这两种方法，无论哪一种都可以增加我们的信息量。将读书获得的信息比作抽屉的话，如果每周定下一个主题去读书学习的话，一年就可以拥有 50 个抽屉，持续两年就是 100 个抽屉。将 100 个抽屉相乘，就会产生 10 000 个点子。

同时，书也是锻炼分析能力的最好教材。

我二十来岁时，曾在静冈市待了四年，帮助文化遗产中心对重要文化遗产及天然纪念物等物品进行鉴定。但事实上，我当时只是一个年仅二十、毫无经验的人而已，不了解重要文化遗产的价值，人云亦云，别人说是真品就是真品，说是赝品就是赝品。结果到最后，我也没能准确地判断出文物的真假来。

除我之外的其他委员会成员都是年长者，也是这个领域的专家。我想，他们也只是抱着"让杉山学习一下"的想法来用我的。尽管作为外行的我不懂是很正常的，但由于只有我一个人不能辨别真假，所以还是感到懊恼。

那时我就问委员会的权威 A 先生："到底要怎么做才能区别真品和赝品呢?" A 先生说："除了与真品接触，并磨炼自己的感觉之外，别无他法。"

如果总接触真品，就能够看穿赝品。如果只接触赝品，就会变得看什么都像是赝品，从而区分不出真假来。画也好，茶碗也好，刀也好，都是一样的道理。

另外 A 先生还说："这个道理放在人身上也是一样的。"有人看起来十分精明，却永远不会付诸行动，并毫无内涵；也有人沉默寡言，却对自己要走的路了如指掌，并在拼命努力。请和后者这样的人交流吧。

话说回来，能够看出"这才是真品"的人是十分罕见的。

因此，我建议要多去看书。

在历史人物中，有很多胸怀大志并努力拼搏、令人感动不已的伟人。通过看书，我们不仅可以积累到很多"谈资"，还能够从伟人的生活态度中学到东西。这会让你在不知不觉中，提高自己的觉悟。

那么，在脱离印刷文字现象越来越严重的今天，你一个月读几本书呢?

读书不仅可以获得从电视中无法得到的全面的、深层的知识，还可以锻炼人的思维能力。因为书与其他媒体不同，你可以自主选择你想要了解的信息。

最重要的一点是，读书还可以提高洞察力。实际上，这就是读书与看电视的根本区别。

电视节目如果没有刻录成录像或 CD，看完了也就完了，人就会处于完全被动的状态。但是与电视不同的是，书可以反复阅读，所以读者是主动的。通过这样的反复阅读，可以在记忆信息的同时对大脑进行良性刺激。在看书过程中试着模拟体验故事主人公或历史人物的经历，也可以起到培养想象力的作用。因此，读书有很多电视和网络所没有的益处。

总而言之，要想对某些事物有深刻的了解，读书是必不可少的。

我们公司为了鼓励职员读书，实行"BOOK 购买制度"：员工买了想读的书，只要凭发票，公司就会报销全部费用。除了漫画以外，无论什么类型的书都可以，哪怕是推理小说，只要有合理的理由我都会批准。

也许这些书的内容和工作并不直接相关，但我认为，只要他们养成持续读书的习惯，这就够了。

话说回来，也经常会有人以"读书需要充裕的时间"为借口而根本不想读书。这只不过是借口罢了，这样的人恐怕就是有时间也是不会去读书的吧。

在没时间看书时，也会有相应的读书方法。比如，只浏览目录和引言，以后再看详细内容。等有时间了再从头开始读一遍。这样做的好处是，以前阅读时不能理解的部分也可以理解了。因为通过重读，最初凭片段理解的东西这次就能做到从整体上把握了。如此一来，自然就会比最初阅读时理解得更加深刻透彻了。

不要吝啬时间和金钱，坚持读书吧。

不要忘记看报

当然，除了读书以外，很多人也会通过电视或网络来了解最新消息，但当被问到这些信息的背景时就会哑口无言。为了防止这种情况的发生，就应该认真地去阅读报纸。

最近几年，因为网络普及的缘故，加快了年轻人脱离报纸的脚步。听说有六成的年轻人没有看报的习惯。那是因为他们把报纸和网络混淆了。实际上，我们应该清楚报纸与网络是两种完全不同的媒介。

虽然网络可以说是即时性媒体的代表，但它只是信息的罗列，并没有连贯性，因此会经常出现错误。相反，因为报纸有发行的时间间隔，所以会加入记者的意见和分析。也就是说，报纸上刊登的是被查实了的观点。

想及时知道目前发生了什么的话，可以利用网络获取信息。但是，当你希望知道这件事的背景时，还是看报最合适。

另外，看报时，我建议尽量同时看两种以上的报纸。因为报纸包含着采访记者的意见和分析，报道不同其主张及观点也会出现差异。所以，应该试着看两三份，而不只是一份。这样，就能明白其中的差异了。

查看报纸的构成及使用情况，就可以知道社会关注的焦点。连刊登的广告也是重要的信息来源之一。

报纸之所以方便，是因为可以在必要时把它剪下来。即使不能剪下来，做上记号，需要查找时也很方便。把这些报纸整理后保管起来，就可以成为一份只属于自己的、独一无二的资料。

报纸拥有网络所不具备的功效。

我们要认真地去阅读报纸，而不要只是随便地浏览一下。如果做到这一点，自我分析能力就能在不知不觉中获得提高。

此外，大家还必须要注意的是，从报纸杂志上引用文字时，如果连自己都没有好好琢磨消化的话，是不能运用自如的。有时，你会感觉用起来有点别扭，那是因为你没有将它变成自己的东西。应该试着将喜欢的词语转换成自己的。

珍惜现场的第一手信息

毫无疑问，在当今这个时代，大家都会积极利用网络、报纸、杂志等工具去收集信息。

但是，请不要忘记，这些谁都可以得到的信息实际上只不过是一组数据。对生意人来说，需要全面考虑并认真辨别从网络及报纸上收集到的信息，最重要的还是到现场去倾听最直接的声音并思考自己如何才能灵活运用这些信息。

比如报纸上刊登了一份关于三十岁女性减肥的民意调查报告。仔细一看，可以发现做调查的时间是三个月以前，即开始调查的时间到现在已有明显的时间间隔了。也就是说，这个数据早就过时了，把它作为基础方案来制定策略是完全没意义的。因为数据都有时效性，所以至多可以把它作为参考资料。因此，这就需要亲临现场，怀着质疑的态度亲自去体验去证实。

这并不是宣传某一部电影的广告词，但毫无疑问："事件并不是在桌子上发生的，而是在现场发生的。"

现场是最有价值的信息宝库。我自己在遇到问题时就会回到现场。带着问题意识仔细看看现场，会发现原因和解决问题的头绪随处可见。

在特意前往现场时，应该事先查阅一下已刊登出来的相关消息，但也不要盲目轻信报纸、杂志上写的东西。应该先假设，如果是自己的话会怎么考虑。通过假设，萌生出其他观点，这样，就可以从多方面、多角度来了解事物了。

实际上，在这之后，才能形成真正意义上的对信息的收集，这样收集的信息最后才能成为自己的原创信息。

总而言之，现场是最有价值的地方。与从他人那儿听来的信息不同，通过去现场，用自己的眼睛去观察，用自己的头脑去思考，会收集到属于自己的独特资料。

将所有东西都变为获得话题的媒介

简而言之，不仅仅是电视、报纸、杂志、网络，所有东西都可以成为获得话题的媒介。

例如，我前天去牙科医院时，发生了一件事。当时，我看到医院人很多，便问："今天怎么了？怎么这么忙啊？"院长并没有使用"忙"这个字眼儿，而是退了一步，开玩笑地说："顺序没有安排好啊。"能随口说出这样的词语来，就会变成连专业人士也甘拜下风的演说家了。

因为及时把信息输入头脑当中了，所以需要时就能派上用场。

这样的话，就算是从书本上借来的，但由于变成了自己的话，也会变得十分具有说服力。

在应对问题上也是如此。解决问题时，如果没有足够的材料，很难想出很好的答案。即使是水平很高的厨师，如果冰箱里的材料太少，表演拿手本领的可能性就很小。为了想出各种各样的创想，拥有丰富的思考材料是非常重要的。

被大家公认为"能干"的人大多不仅在自己的专业领域，而且在其他各个方面都很精通。他们具有旺盛的好奇心，对什么都感兴趣，在众多领域的"抽屉"里，经常补充丰富的材料。因此就能拥有很多创想，工作也很能干。

无论你做什么，一开始肯定不知道什么对工作有用，什么对工作没用。换个角度来说，就是没用的东西几乎不存在。

自主思考新想法时，先拉出自己脑子里的抽屉，整理还没成型的丰富的材料，再对其进行组装，最后就产生新的创想了。

有无思考能力就取决于你拥有多少材料。

那么，在什么样的抽屉里装入什么样的材料好呢？那完全是自由的，也就是什么都可以。抽屉里的材料，或者说感兴趣的领域越多越好。音乐、运动、经济、教育或科学，什么都可以。在脑子里准备很多抽屉，接下来只要顺手把材料放进去就行了。

"博采众长"才是重要的。

材料随处都有。材料可以是与人见面聊天时听到的，可以是看书得到的，也可以是通过互联网这样强大的武器得到的。不管怎样，最重要的是开始时不要挑挑拣拣，什么材料都行，只要把它装入抽屉就可以。

就如抱有"自己是从事经济相关工作的，只要读经济有关的书就行"这样想法的人，绝对产生不了有趣的创想。正因为材料里有很多的东西，才有可能从中得到有趣的想法。

可能有人会说这意思就是"要加强杂学"，确实如此。但请注意实际上是没有杂学这门学问的。这个社会所有的学问都属于杂学。能学到杂学的也就只限于有观察力、拥有宽阔视野、养成了用自己头脑思考的习惯的人。

现在，人们最希望得到的就是信息。我想如果大家能坚持做到以上几点，就一定能收集到足够分量的信息，与此同时，你也就不必再为缺少"谈资"而焦急苦恼了吧。

但是，掌握着信息却不好好利用，也是没意义的。

因此，不要一个人垄断信息，试着将它透露给公司、同事甚至是贸易合作伙伴，让他们也可以活用。如果能做到这点，我保证你得到的评价会更高。

如果你已经拥有了足够的"谈资"，如果你对抬起头环视周围没有抵触情绪的话，那接下来就尝试一下自信地抬起头、接过话题吧。

在之前的章节中也提到过"被动坐等指令的人"与他人的交流能力很弱。为什么这么说呢，因为他总是低着头等待别人来打招呼，所以就没什么话题可聊，而且即使聊天也只聊自己的事。自己的事一说完，马上就无话可说了。这样，与他交谈的人也觉得"这个人真是无趣"。

但是，一旦抬起头环顾四周，就能提高观察能力，察觉到的东西也会增加。有些人之所以话题丰富、善于交流，就是因为他是有敏锐的观察力，能察觉到许多有趣的事。

说句闲话，在公司里业绩优秀的部门，毫无疑问都有强大的"交流能力"，这是一个有趣的现象。站在一个经历丰富的管理者角度看，的确如此。

为了能够接过他人的话题，自己必须能提供有趣的话题。以前一直等待别人给你提供有趣的话题，现在要主动地给别人提供话题。不能老是等待别人给你准备美味，而要主动给别人准备佳肴。

要下决心主动和他人招呼、交流，起初可能会缺乏话题，或者对话题缺少观察和深入思考，三言两语就没话可讲了。所以，要先训练一下。

自己要积极地提出话题。只要这样做，你办公桌周围很快就会活跃起来。一旦活跃起来，机会就会不可思议地不请自到。

如果你能够接过话题，你自然而然会去考虑对方的事情，因为聊天这事孤掌难鸣。如此这般，体贴对方、察觉对方就是顺理成章的事情了。

你可以把在上班途中、公司里面的所见所闻，不拘一格地融入交流的内容中。顺利进行交流以后，你的观察力会敏锐起来，你给旁人的印象也会从单纯的"学业优等生"转变为"充满智慧的人"、"有心人"。

虽然第一章中讲到过关于"有心人"的问题，但既然再次说到这里，又不禁想再啰唆几句。大部分被公认为"有心"的人，其用心之处在于先人一步察觉到事物，或者说是先人一步"读懂未来"。这并非要求做一个超人。

"读懂未来"，也就意味着能够应付将要发生的事情。为此，我建议从以下几方面着手。

首先，在工作中按顺序将与自己有关的事、该做的事一一记录下来。不管多么细小的事情都记下来，这样并不意味着要马上着手办理，而是先把握好整体，把要做的步骤全写下来，然后总结出优先顺序和注意事项。这样，就可以提高你的办事效率。

比如，你搬家的时候，不要贸然把打好包的纸箱搬入新居，而是应提前想好拆包后会出现的情况，并按照那思路写下放入纸箱的顺序和搬入的位置，这样，工作效率就立竿见影地提高了。一开始，就把搬家时将遇到的问题写下来：大件的行李是否能从大门搬进去？如果搬不进去，该从哪儿把它搬进去？搬入的顺序该如何安排？等等。这样做不仅效率高，而且也不太会出差错，能够顺利搬家。不仅工作如此，家务也要如此，任何事情都要如此，养成写下步骤的习惯。

然后，我们要考虑先后顺序和轻重缓急，把该做的事情一一排序。这样，什么事情要多少精力，怎么安排，就一目了然了。

像这样写下步骤，确定先后顺序后，就可以具体地审查所有的工作了。要想先人一步察觉问题的话，把握工作的全局是至关重要的。

附带说一句，公司里大部分工作和以往做过的工作差不多。所以，为了把握全局，必须回顾一下以前做过什么，遇到过什么问题，查看这些记录也是至关重要的。

除了先人一步察觉外，很重要的一点就是成为一个"情报员"。像美国通过中央情报局（CIA）这样的组织收集全世界的情报，也只是做到了"先人一步察觉"而已。下面，我们来讨论一下这个"情报"。

当然，我无意在信息化时代，再来讨论在哪里才能收集到信息这样的话题。我想说的就是一件事——"信息关键不在于收集，而在于利用"。但事实上，现在很多人仅仅满足于收集信息。

很多经常自诩为情报员的人，只是像收藏物品一样收集情报。如果只是当作一种爱好也就罢了；但如果不是当作爱好的话，那简直就是在浪费时间。那就不是"怀宝生霉"①，而是"怀信息生霉"了。

信息经过收集和选择，被利用了才有意义。光是收集的话，是没有任何价值的。所以，不要让收集到的信息发霉，而要让它指导你的工作。

在这里推荐大家把收集到的信息写下来看，不管是用手写还是输入电脑都可以，这样，就能更好地利用信息了。然后要把它装在口袋里，需要时就能随时查阅，看了几次以后，如果对这信息失去新鲜感，就可以随手扔掉。

---

① 中国有古语曰"怀宝迷邦"，此"怀宝生霉"为日一中直译。

这就像解冻食品的工作一样。冷冻食品冻得硬邦邦的，无法直接烹饪，得先把它解冻。同样，收集到的信息光是拿在手上也是无法"烹饪"的，因此需要通过"写下来"这个工作把它"解冻"。

亲自写信息，可以把信息记在自己的脑子里。和别人谈话时，能变成自己的语言。倘若把它编辑在电脑里，那么在做文件的时候，可剪切、可粘贴，很简单，也方便发送到自己的网页上登载。这样，通过和别人交谈、文件引用或发送，收集到的信息就可以实实在在被"据为己有"了。

因此，大家一定要做一个"信息簿"，时刻准备把自己喜欢的信息记录下来。

信息不被使用，就会白白腐烂掉。不知道你们有没有这样的经历：把也许能用于约会的新开张餐馆、茶馆的信息，从杂志上剪下来夹在笔记本里。但这样做毫无用处，这是一个很好的例子。而我选择把这些店铺的信息全部放在钱包里。去店里的时候，笔记本可能没带，但是钱包是肯定带着的。因此，把这些信息放在钱包里的话，就处于"解冻状态"了。当你想记住偶尔去的、自己中意的店铺时，就可以向店里索要一张卡片或装筷子的袋子，将它们装入钱包，就可以随时使用了。我的钱包就是所谓的"信息微波炉"。

归纳整理能力

这里出现了"整理能力"一词，提到整理，就会给人以类似将东西收纳整齐的印象。但是真正的"整理"指的是"丢弃"。一次全部丢掉就会变得干净利落。

如果丢掉了重要的东西，就会发现它的重要性，那么下次就不会丢弃，反而会小心收藏起来。

如果丢掉的是不需要的东西，正好可以减轻你的包裹，让你更轻松地前行。

正如那句俗话说的——除旧迎新。

你的桌子、脑袋都需要"整理"。

会不会工作，看这个人的整理能力就可以知道。那么，如何检验自己是否具备良好的整理归纳能力呢？

你的办公桌杂乱不堪吗？

整理能力的好坏体现在哪里呢？我想最直截了当地反映这点的应该就是一个人桌子的情况吧。

桌上杂乱不堪的人找一份文件就要花很长时间，这样一来，工作就会中断，就无法在一件工作上集中精力。

不会工作的人一般都没有一个能马上着手工作的环境，这也是不能好好整理自己大脑的证据。

不会整理的人有一个共同点，那就是舍不得丢东西，想着可能什么时候会用得着就舍不得丢弃。正是这优柔寡断的行为，使桌子一下子就变成垃圾堆了。但是请试想一下，三个月都没有用过的东西以后还能派得上大用场吗？基本上是没有这样的例子的。

时代瞬息万变。在这种讲求速度的时代，应该断然丢掉这些握在手里三个月都用不上的没有价值的信息。

堆积垃圾和舍不得丢东西的人，都是没有物归原位的习惯的。因此，一旦准备开始工作时，就会陷入"这个没有"、"那个也没有"的慌张中。用完后放归原位——连这件小事都做不到，就会一直浪费时间。

"找不到"不仅是浪费了时间，在精神上也会形成压力。为了消除这种压力，应该养成"东西放在指定位置"的习惯。但是这种习惯并不是一朝一夕就能养成的，没有相当的意识是改正不了的。所以，每天工作前或者工作后，都要养成利用短暂时间来整理周围物品的习惯，哪怕只是五分钟。

刚开始会觉得无从下手，但有意识地让自己去做，总有一天能掌握整理的能力。大概只要一个月，你就会发现桌子周围焕然一新。

这种行为，还可以帮助整理大脑。

"整理大脑？"也许很多人对此都会疑惑不解，大脑还需要整理吗？但是事实告诉我们，就如同你的办公桌一样，我们的大脑也是需要定期进行整理的。举例给大家说明吧。

你有过这样的经验吗？"那份文件要在开会前准备好。"被上司或同事这么一说，才慌慌张张地说："糟了！"

文件这东西本来就是这样的，即使整理了，只要稍不留神就会增多，变得很难整理。这样一来就糟糕了。

一边说着："明明放在那个抽屉的呀，怎么会……"或者"前段日子整理时明明在的呀，怎么会……"把各个抽屉都拉开来找，使自己陷入了慌张。

就像书桌那样，人的头脑里面也有各种各样的抽屉。头脑中的抽屉也分成了像"工作"、"兴趣"、"家人"等文件夹，如果不整理的话，就连哪里放着什么东西都不知道，这样使用起来就会很不方便。

因此，头脑中的抽屉，也要每月盘点一次。具体来说，就是将头脑中的东西用图画来描述，试着用图解的形式来整理。这样，就会像"这个抽屉是空的"，或"这个抽屉塞满了"一样有条理，从而帮助我们更好地把握现状。

把东西塞进头脑里虽然很方便，但不花点儿心思就会很难整理。在你花时间去寻找一个文件的时候，机会有可能就会悄悄溜走。诸如此类情况时有发生。

相反，善于整理的人都有把存取的内容标注下来、不需要的东西处理掉的习惯。平时注意整理的话，必要的时候就能把与之相应的文件找出来，这样才能抓住机会。

为此，平日就要注意培养整理意识，不仅仅是办公桌，头脑中的抽屉也是这样。要每月盘点一次脑中的内容，这样绝对能帮助你提高工作效率。

你提交的企划书集中在一张 A4 纸上了吗？

我们公司会给那些提出优秀企划案并得到采用的员工颁发一份叫"本垒打"的奖金。因为不定期地接受企划案，以前每周都会有数不清的企划书送到我手上。但是我不可能一一阅读，于是便安排了三名助手，让他们帮忙筛选这些企划书。只有那些经过筛选的企划书才会送到我这里来。有了这个规定后，过了一个月左右，三人手里的企划书就堆积如山。

但是，交到我这儿来的企划书只允许是一张 A4 纸。否则无论写得多么出色，我都不会看。因为我觉得所谓企划书，极端点儿来说，是能使人一看就马上理解其中内容的文件。否则，无论怎样添加数据、点缀文章都是不行的。因此，标题变得尤其重要。如果能撰写出一条让人对企划目的一目了然的标题，自然就会让人产生继续看下去的欲望。这正是企划有魅力的最好证据。

我这样说，肯定会有人吃惊，"啊？只用一张纸就足够了吗？"实际上将内容集中在一张纸上是非常困难的。因为在那里面必须要包含验证及分析等精华部分，自己又要充分了解其中的细节，这就是很大一部分人怎么也做不到将企划汇集在一张纸上的原因。

我建议，写企划书时，试着考虑一下能引人注意的文案。我们可以发现，像广告等短小精悍的文案，只有短短几行字，却包含了大量数据和信息。

不仅是企划书，报告、感想也是一样，需要从读者的立场出发，给出一份简洁明了的文件而不是以自我为中心。简单来说，需要包括以下三个内容：

1. 给出答案或者结论；

2. 阐述理由，按要点逐条论述，注意简洁，切中要害即可；

3. 最后可加上一些自己的感想和意见。

话多的人通常没什么自信，话多是因为想掩饰自己的不足，写文章也是一样的道理。撰写公文时，做一份冗长厚实的资料是非常容易的。但反过来这也是不善于整理归纳的证据。大家都应该注意灵活转变，让企划书、报告等变得言简意赅而内容丰富。

工作电话都控制在 3 分钟之内了吗？

不难发现，有的商务人员会花 20 甚至 30 分钟，慢条斯理地进行电话长谈。应该说这些人是不擅长工作的。

一件事情，即使再长我也会在 3 分钟内把它讲完！

除了打电话之外，还有堆积如山的事不得不处理，如果就一件事打那么久的电话，不经意间，时间就流逝了。不管是什么工作，告诉对方要点，即使是询问对方，3 分钟也绰绰有余了。并不是只有你一个人在工作，接电话的人也应该有他的工作。

因为工作的原因，一天里就不得不接打许多电话，那么，如果每次都电话长谈，不用说，就会给工作带来不便。

电话长谈的人有个通病，那就是不善于抓重点。

打电话的时候，是看不到对方的脸的，所以，只能通过声音来判断状况。这时，洞察力是很重要的。也许，有时对方很忙没有空，这时，如果不顾及对方的情况，持续着这不得要领的电话长谈，对方会怎么想呢？

毫无疑问，对方就会认为你是个很自我的人。所谓的打电话就是占用对方的时间，"在您忙的时候打扰您真是对不起！"这样的常用客套话就是个很好的证据。

所以，在打电话的时候，应避免多余的话，尽量直奔主题。首先，请明确地陈述是请求、确认还是商量，并在最短的时间里，尽量把要点确切地告诉对方。如果能这样，对方也就能很快理解你打电话过来的目的了。

不得要领的电话，会让对方光是在了解事情上就要花一段时间，最后极有可能就会耽误双方的业务。

所以听一个人接打电话，就可以知道那个人的工作能力。因为对于商务人员，接打电话是不可缺少的。

真心地希望大家不要忘记——时间就是金钱。

你的名片都归类吗？

在工作中，商务人员对名片的管理应该是重中之重吧。因此，比起把名字写进通信录，更多的人选择将名片放到文件夹去进行管理。市面上的文件夹一般是按五十音图的顺序来归类的。

但是像我这样一年中和千余人交换名片的人来说，这样是行不通的。试想一下，你要在所有名片当中找出一个只在三年前见过一面的人来，有多么不容易。

将名片归档就是为了能够尽快地从已归类的名片中找出对方的名片来，因此其使用的便利性必须要高。

所以，我不是按五十音图来分，而是根据国别、县别、职业类别来分类的。比如说，按上海、北京等地域来区分，或按银行、传媒、学校等行业来区分。如此一来，即使是在名字记不清的时候，也能大概判断出来，寻找起来也就比较容易。

另外，我一定会在拿到的名片上盖上记有会面当天日期的印章。这也是唤起记忆的一个非常有效的方法。

并且，如果想在以后与这个人有进一步的发展，可以在所得名片的空白处添上对方的特征等信息。内容不必太讲究，可以是此人的兴趣及人脉等你所观察到的东西。

实际上，下点小工夫，就有可能找到下次见面的话题，从而为关系的顺利推进打下基础。这样的例子也是不少的。

如果不想直接在名片上涂写，那么写在复制本上也是可以的。不管怎么样，只要留下能迅速唤起你记忆的那一套关键词即可。

人们会很快忘记名字和数字，但是逸事的话就很容易留在记忆中。它或许会成为某种机会，从而产生商机。

优秀的商人是不会在名片的管理上偷工减料的。

信息和情报对一个人描绘梦想、实现梦想、获得成功等每一个过程中的重要性都是不言而喻的。然而面对繁多的信息和情报，如何选择才是最明智的？在当今这个信息获得渠道众多、真假信息泛滥难以区别的社会里，通过整理和选择等方式，最高效率地利用信息、锻炼自己的分析力并最终获得解决问题的方法这一系列过程显得尤为重要。

分析能力自测表

1. 有人找你搭话时，你能很好地接过话题吗？

2. 有没有因为缺乏"谈资"而苦于与别人进行交谈呢？

3. 演讲、发言时能脱稿做到自由发挥吗？

4. 有读书、读报的良好习惯吗？

5. 坚持计划读书吗？每星期、每月各读多少本书？

6. 每月生活开支中，计划买书的钱是多少？

7. 能一眼识破"真品"和"赝品"吗？

8. 大脑里有多少个"抽屉"？坚持定期整理了吗？

9. 有专属自己的"信息簿"吗？

10. 办公桌、公文包是否杂乱不堪？

11. 是否有过在开会或其他紧急情况下因找不到资料而忙得焦头烂额的情况？

12. 工作完毕后，有物归原位的习惯吗？

13. 企划书、工作总结都归纳在一张 A4 纸上了吗？

14. 工作电话控制在 3 分钟之内了吗？

15. 名片都归类放好了吗？

16. 随身带上笔记本、纸了吗？有随时记录的习惯吗？

17. 使用网络、杂志上的信息时，你都认真进行筛选了吗？

18. 有足够的信息为一个问题准备多个答案吗？

19. 会去涉猎所学专业之外的知识吗？

20. 收集记录的信息，随时可用吗？

第三章

行动力

制定计划
- 合理安排优先顺序
- 制定计划，运筹帷幄
- 制定计划，锻炼思维
- 订立日程安排表

管理时间
- 有效地管理工作时间
- 利用好零碎时间
- 严格遵守商务约会时间

行动中的灵活性
- 灵活思维，变换角度观察
- 灵活思维，开阔视野
- 灵活思维，应对危机
- 灵活思维，舍弃墨守成规
- 灵活思维，"灵感"变"策划"
- 灵活思维，"聪明"拒绝

行动中的速度感
- 约会的"速度"
- 处理索赔的"速度"

行动中的坚持不懈
- 直面困难，坚持不懈
- 重视过程，坚持不懈
- 面对失败，坚持不懈

谁都要吃饭，但吃得多又运动得少，吃的东西就得不到消化，最后就会转化成赘肉。

知识也几乎是这样。虽然读书、听别人讲话可以得到新的知识，但如果自己不去尝试，不付诸实际行动的话，很可惜，那些知识只能就此停留在知识的层面上。

之前获得的知识、学问，消化（实践）到什么程度了呢？

从别人的话里得到了启发的话，应该首先去尝试一下。通过获得知识与实践这两种行动才能将其变为真正的血肉，成为自己的实力。

总是说一句"说得真好"就结束的话，就只有知识的赘肉在累积。光说不干，紧要关头行动不起来是不行的。因为不管多好的想法，不去尝试、不去挑战就没有意义。不管多好的信息，不去活用，就只是通知。

不是"说了什么"、"听了什么"、"知道什么"，重点是"做了什么"（行动和挑战）。不试不知道，也不会出结果。"工作"这个词就是讲"人要行动"。我曾将"工作"这个词理解为"人＋思考"，但现在来看，我切身感受到还是"人＋行动"。

在选举时期，我在一个下雨的早晨去三岛车站坐新干线，看见众议院 A 议员一手拿着雨伞，一手握着麦克风，在车站前面进行演讲。大家对这种情景已经司空见惯。他每周总会有一两个早上是如此这般。白领们一般早上都很忙，没有谁会停下来听他的演讲，只是匆匆扫视一下便乘上新干线或者电车赶赴公司去了。

但是到了选举的时候，这个议员却获得了很多支持者。我不禁思索，为什么呢？

很多人虽然没有听他演讲的内容，但是经常看到他的行动，便为他打气。在现实社会里，与其试图了解对方在说什么或思考什么，倒不如以所看到的实际行动来做判断。也就是说，行动（眼看很容易明白究竟在做什么）就是全部。

这里并不是否定思考、想或说，而是说要重视将思考的事情尝试着去做，这是最重要的。

尽管听了那么多有启发的话，读了那么多令人感动的书，却不将其转化为自己的实际行动，也是无用的。

有很多不错的人每天向我递交各种企划书和计划。

但遗憾的是，有很多人只计划不执行。还有很多人就算尝试，也只是在尝试一次两次后就放弃了、忘记了，最后仍是无疾而终。

"想"谁都会。 "想要幸福"、"想成为有钱人"、"想变漂亮"、"想做领导"……但实现这些想法的实践却很困难。坚持下去，会变得愈加困难。

关键是与自己战斗。人都有滑头和贪图轻松的一面。"轻松"在前，"苦"早晚都会在后面等着，这是世间常态。

很多时候，行动力往往会成为决定最终胜负的关键因素。给大家举两个例子说明吧。

有一次，因为朋友 U 君忘记通知我，有一个会议我没能去参加。两天后，U 君打电话来问我，"怎么那天你没有来呀？"我说，没收到通知怎么会去啊？

顿时，他变得很不好意思，连说了好几声对不起，"今晚我就去向你道歉。"

第二天，U 君并没有来，他的朋友 O 君却来到我们公司，代 U 君道歉。O 君说："是我的错，请您原谅。"

因为很忙，其实我也没把这件事放在心上。和 O 君谈了大概 15 分钟，他就回去了。

他走后，我的心顿觉震撼。只言不行的 U 君对比立刻行动的 O 君，这一点小小的差异是多么大啊。我深刻体会到了行动的重要性。

就算如此微小的差异一旦重复累计后，也会变成巨大的差距。在比赛或竞争中，也就会由此决定胜与负了。

另一个例子是关于招募的。

我们公司不仅在住宅建筑领域，还在其他领域开展业务。每年各个部门都要招募很多学生，其中有个建筑专业出身的学生，A君。

A君通过最后的面试，被我们公司录取了，但同时也被同行B公司录取了。他没能拒绝B公司对他许下的"一进入公司就可以到所希望的设计部工作"的诺言，于是，他拒绝了我们公司，选择了B公司。

可是一个月之后，A君突然给我发了一封邮件。上面写着这样的内容："因为B公司突然破产，所以录取被取消了。我知道这是个无理的要求，但是请贵公司重新考虑录用我。"

我把这番话告诉了面试官，他听了之后勃然大怒，说这人真是太厚脸皮了。可是，我觉得不管怎样，还是见面了解情况再说。于是，我把他叫到了公司。

面对着自己拒绝过的公司，A君紧张而拘束。当被问到缘由时，A君羞愧地流下了眼泪。

最后，在听了他的体会后，我认为他通过这件事学到了很多东西，是他学生时代最大的收获，所以我还是决定重新录用他，理由有以下两点：

1. 给我发邮件，说明他很有勇气做一些事情。面对自己曾经拒绝过的公司，他能鼓起勇气发邮件，并要求见面，能够这样做并非易事。

2. 他通过这件事情知道了不能通过事情表面的东西做出判断，要理解事情的本质。在学生时代能体会这些东西，然后在以后的生活中加以利用，是很有帮助的。

我对他说"你很高兴吧！但是原来我们公司决定录用你的负责人应该有点不满意我这次的决定。所以你来帮助他工作，好不好？而且不是口头上的帮助，需要付出实际行动。利用这次失败，把坏事变成好事。"

他本人也很感激，欣然接受。

简而言之，A君通过自己的行动力，把危机转化成了机遇。

在人的一生中，必然会遇到很多次危机，但每次危机的背后必然潜伏着机遇。负数并不仅仅是负数，负负得正。要想把危机变成机遇，行动力是非常必要的。我将从制定计划、管理时间以及行动中需要的速度感、灵活性及坚持不懈的精神等五个方面与大家进行共同探讨。

虽然行动可能大多会伴随着失败，但是从失败中学习也是下一步的开始，会成为很大的财富。失败并不可怕，相反，能把失败转化为机会行动起来的人是备受尊敬和爱戴的。知行不一、言行不一的人只会令人失望乃至绝望，最终被抛弃。那么，开始"行动"吧。制定一个计划和战略后，先尝试"三个月"，稍微长远考虑一点的话，"三年"，如没有结果就就此终止。仅仅是停留在思考和想象上的人是没有魅力的，"行动"和"坚持"是人生不可或缺的东西，有魅力的是"行动的人"、"坚持的人"，这种人会让人觉得将来定会有一番成就。

制 定 计 划

如今是一个忙忙碌碌的时代，所有的人都觉得自己"很忙"。上班族也忙，家庭主妇也忙，大学生也忙，甚至连小学生都很忙，因为他们要去补习班或去学技能。所以大家已经把"忙"字当作问候语来使用。

每当我看到乱糟糟地忙成一团的职员，就会想，他们真的那么忙吗？解开这个疑团的关键在于"忙"的意义。"忙"到底是怎样的一个状态呢，让我们好好分析一下。

比如，早上起床到出门上班只剩三十分钟，还需要洗脸刷牙、刮胡子，这样一来，恐怕连喝咖啡、看报纸的时间也没有了吧。此时，若发现"会议的资料还没整理"，不用说，肯定会变得慌张起来。只不过睡了三十分钟懒觉，结果就失去了充裕的时间和从容的心态，甚至连一整天的行程都受到了影响。

简单地说，"忙"就是指这种状态。因为没有空余时间，所以做不了计划，从而不能妥善地处理事情。在这种状态下，连时间都没有，自然应付不了其他要事。

理解了"忙"的意义后，我们再来看看人们说的"自己很忙"究竟是什么意思。

上班族、家庭主妇、大学生和小学生都在说"忙"，但他们忙的程度截然不同。同样是上班族，每个人忙的程度肯定是不一样的。客观地说，尽管某人的工作量只有他人的1/10，他照样可以说"忙"，就是这个道理。

从这个角度看，所谓"忙"是一种非常主观的状态，它并非是某个人工作量多少的问题，而只是单纯地表明"心灵上已经没有多余的空间了"，这点我们要明白。

所以，如果总是对周围的人说"我忙"、"我忙"，等于亲自向大家宣布"我没有空余时间，没有多余精力，我的容量已经满了"；同时也等于宣布"因为我没有多余精力，所以也就无法去关心你的事情了"。

这下该明白了吧，说"忙"也就是等于宣布自己太娇气，不再关心对方了。

这样你就和在办公桌前低头坐等指令的"等待族"一样了。说出"忙"的那一瞬间，就肯定不可能再去关心别人。

我想今后大家应该不会总是觉得自己忙，不会总是把"忙"字挂在嘴边，也不会再以"忙"作为借口了吧。因为那样做，就等于特意向别人宣布"我是一个不会关心他人的庸人"。

何不尝试着让心灵拥有更多的空间并不时地把这些空间展示给他人呢？能干的人可能比别人多一倍的工作量，但仍有余力做更多事情。而不那么能干的人老是说"忙"、"忙"，听起来就会让人觉得他已经没有多余的精力了。

为什么会这样呢？

其原因之一就是，能干的人能够同时开展多项工作，他们能够动脑筋想办法去考虑做事的方法和步骤，总是想方设法充分利用时间，制定计划，合理安排工作。他们一定会留出空余时间。所以有突发事件时也能应对自如。比如会议的文件，倘若前一天就好好整理的话，即使是睡了三十分钟的懒觉，也不会慌张了吧。

原因之二就是在别人看不见的细节问题上，能干的人也能非常迅速地处理好。换句话说，在考虑说"我忙"、"何时动手"之前，他已经习惯于"先完成目前必要的、马上就可以做好的简单事情"。这体现了行动中速度的必要性，这一点将在后面章节中详细阐述。

一直说忙的人大多都是没有充裕的时间和从容的心态的。就像他们自己说的："啊，我已经忙得不可开交、筋疲力尽了。"其实，这些人不是忙得没有时间，而是因为安排不合理所以没有时间。实际上真正忙的人，无论多忙，因为事先有计划，都能安排得非常好。

为了不变"忙"，就需要事先制定好完善的计划，合理地安排工作。安排不妥当就会没有充裕的时间，没有充裕的时间就会觉得自己忙。当你察觉时，"啊，我很忙，很忙"已经变成了口头禅。时间不是别人赠给你的，而是自己安排出来的。

良好的行动力需要一个完善的计划做支撑。在完成每一件事情的时候，首先需要考虑最后期待达到什么样的效果，然后需要有条理地去考虑为了达到这个效果应该先做什么、后做什么。比如说建造房屋的时候，首先要有计划，然后再铺好地基、立起柱子、安上横梁、搭建屋顶……这样才能构造出自己梦想中的房子。

所以，无论任何时候都请记住，制定一份完善的计划是多么重要，请好好地制定计划、把握时间吧。

合理安排优先顺序

我曾经和从事屋顶外墙施工的 E 社社长①聊天，他的做法让我大吃一惊。他从番茄运输的"加急件"这一件事得出了启示，然后让 100 个工程师从营业到现场商量、现场管理、残料处理和最重要的施工全部包办，公司没有一个销售人员。他们培训了仅将驾驶当做职业的司机，然后让他们干各种事情，并导入计量薪金法，努力的人就多发一点工资。E 社的社长正式把这一点运用到屋顶、外墙的工程师那里。

一人一职的时代已经结束了，一人五职的时代已经到来了。并不是只有司机才能做到工程师不能做到的。他们从 10 年前开始就这样做了，并且如今收益也已经上去了。

把设想改变一下，同时进行多重的思考并采取相应的行动，便会有无限的可能性，成本也会下降，每个人的收入也会上升，这真是件难能可贵的好事。

由此可见，一个人同时负责多件工作、处理多件事情是不可避免的发展趋势。

五件以内的事情，一个人是可以同一时间同时进行的。但如果超过五件，就很难了，这就需要你提前决定好优先顺序再开展工作。

然而，现在是一个繁忙的时代，每个人都会经常遇见需要同时处理多件事情的情况。

但每天只有 24 小时，对谁都很平等，不可能指望多出几个小时让你去处理事情。

如果你手上已经有好几件事情要处理，却突然又来了一件急事，应该优先处

---

① 日企中"社长"与"总裁"、CEO 同义。

理哪件事呢？是应该优先处理预定的事情，还是应该优先处理紧急重要的事情呢？

从如何做出优先判断这件事情上，可以看出一个人的能力和人品。

比如说，如果你是一名学生，正在做兼职或者参加课外集体活动时，突然有一个公司通知你去面试（它决定着你以后的就业），那么，你会如何选择呢？我想你毫无疑问地会选择去面试，因为你知道哪一件事更重要。

所以，出现这种情况的时候，应该首先整理一下现状，思考"最急的是哪件事、期限到什么时候、是与收益直接相关的吗？有时间时再做可以吗？……"，然后再从各自的状况及整体状况中，明确把握"什么事在眼前是最重要的"。

不要仅局限于眼前事情，通过整体去考虑，确定每一件事情的优先顺序再去做，就能够拥有同时处理多件事情的能力了。

很多情况下，临时出现的急事多半是突然被别人拜托去做的。但是换位思考一下，在拜托某人做事情的时候，首先选择的一定是最有能力或者最重要的人，所以从某种程度上说，别人会来拜托你是因为他相信你有解决事情的能力。因此这就更需要你具有解决突发状况、同时完成几件事情的能力了。

近来，以"优先"方式考虑的事情很多，为什么要屡次地思考呢？因为在平时就十分注意区分重要和不重要的事情，对于活化头脑是有极大好处的。

不仅仅行动时要抱有这样的念头，在制定计划时也需要考虑到这方面的问题。

一个完善的计划可以指导和支撑你的行动，一个完善的计划可以为你节约出更多的时间。但在制定计划时必须要考虑事情的轻重缓急、优先顺序，以便更合理地安排工作，提高工作效率，锻炼出同时进行几项工作的能力。

比方说你正在考虑周末搬家的事。搬家时，如果只是把眼前的行李打包到纸箱里然后搬到新房子去的话，到了要拆行李的时候，你就会发现什么东西放在哪里连自己都不清楚了。

预先考虑到拆行李的事，把纸箱的搬入顺序和存放地点等一一记下来，稍后的工作效率就会大大提高。还有，如果能认真考虑搬家时如何把大件行李从大门搬进去、要是搬不进去的话又要从哪里搬进去、搬进去的顺序如何安排等问题的话，不仅可以提高效率，就连错误也会减少。

也就是说，明确哪个工作是重要又紧急的，接下来就先把精力倾注在那里，这就是优先顺序。

对不得不同时处理多项工作的职员来说，应该在制定计划时，首先确定工作的优先顺序。优先处理紧急的工作是理所当然的，但从难度较高的工作开始着手的人也有不少。难度较高意味着花费的时间也比较多，所以想要尽可能早点开始准备。但是，如果难度较高的工作占用的时间过长，本来简简单单就能完成的工作，最后也只能马虎对待，而难度较高的工作也会受到影响，这样的例子并不少见。因此，有时候从简单的工作着手，完成后再开始做较难的工作也是个不错的选择。

所以需要具体情况具体分析。为此，有必要把工作的进展随时随地标出来。通过标出现状把握全局，根据现实情况改变工作的顺序。

因此，优先顺序并不是固定的，要在脑海中充分意识到这一点。为此，必要时应该果断地作出决定。如果一味地打乱事先设定好的顺序，就会使自己越来越不清楚哪个才是最重要的工作。

制定计划，运筹帷幄

制定一份完善的计划，就拥有了工作顺利进行的基础，就能做到"运筹帷幄之中，决胜千里之外"。

假设你在深冬的时候去北海道出差。有的地方一天中只有几趟电车和巴士，要外出，就要考虑到天气的变化、电车或公交换乘的时间等因素，制定一份合理的出行计划。如果没有这样做，请试想一下会发生什么事呢？有可能会在大雪中哆嗦着等好几个小时吧。

以这个出差的例子来说，就是制定计划时要事先预想到没有提前查清楚天气、车次表可能带来的后果。没有完善的计划，就无法做到运筹帷幄，最后就会导致大麻烦。

不善于计划安排工作的人，在很多情况下总是说"不管怎样先做了再说"。未充分准备便开始行动，这样的例子比比皆是。如果脑海里没有一个完整的规划，就漫无目的地开始工作，是不可能将工作顺利开展下去的。而且这种人，不仅自己是这样，还会把周围的人卷进来。比如，你的同事是个不善于计划的人，这样的人不能理解工作的内容，你就得给他做详细解说，这样一来你的时间就会被剥夺。

相反，善于计划、安排工作的人会预先考虑到所有可能发生的问题，从各个角度来制定解决方案。因为在脑海里做了事前模拟，所以发生任何问题时都能应对自如。只是，这种能力的培养多少受到天资的影响。如果不能从内心深处意识到其重要性，就不可能获得提高。

因此，请努力变成善于计划安排工作的人吧，千万不要未经充分准备就开始行动。只有这样做，你才能够运筹帷幄，决胜千里。

制定计划，锻炼思维

养成制定计划的习惯，同时也可以锻炼头脑和思维能力。

大家有没有想过脑力劳动和体力劳动的不同之处呢？

两者最大的区别在于，脑力劳动仅是用脑就可以使效率提高几十倍，而体力劳动就做不到这点。

就说搬运石头吧，如果一个正常人能搬运一块石头，另外一个人不管多强壮,也是不可能搬运 50 块或 100 块石头的。据说,体力劳动的差距最多也就 1.5 倍。也就是说,以单位时间内体力劳动的报酬来计算,一个小时 1 000 日元的话,最多也只能提高到 1 500 日元。与此不同的是,对于脑力劳动来说,只要一个创想,就可能把一个小时 1 000 日元的报酬提高到好几万日元。这就是脑力劳动与体力劳动的区别,是脑力劳动的乐趣所在,也是脑力劳动的最大好处。总归一句话,要学会去用脑。

脑力劳动和体力劳动不同,越是不动脑的人,与经常动脑的人之间的差距就会越大。更可怕的是体力劳动之间的差距可以用肉眼看见,而脑力劳动之间的差距是看不见的。在不知不觉中,在看不见的地方,个人思考能力就真真切切地拉开了距离。

据说,人类的脑细胞在出生的时候就已经全部齐备,随着年龄的增长逐步减少。人类的记忆力,在 15~20 岁的时候达到巅峰,随后就不断衰退。以我自己为例,从最近的感受来说我已无法吹嘘自己的记忆力了。不过据说记忆力的衰退无法恢复,但可以预防,那就是"锻炼头脑"。

为了培养思考的能力,最重要的就是养成制定计划的习惯。因为要制定出一份完善的计划,就必须积极动脑,分析目标和现状,预测各种可能出现的问题并思考应对措施。那些没有制定计划习惯的人,就与没有运动习惯的人一样,头脑上附了很多"赘肉"。但是,通过养成制定计划的习惯,就能够锻炼头脑。

订立日程安排表

订立日程安排表是非常普通的制定计划的一种方法。我在这里推荐"每周一的早上,务必要考虑本周的日程安排"。

每个人都有适合自己的安排日程的方法,我每天按 30 分钟为一个单位来安排日程。为什么要这样来设定时间呢?那是因为我认为处理一件事情,需要花费的时间是 30 分钟。30 分钟足以把策划书通篇浏览一遍，当场做出判断并向职员发出指示。即使前面的安排推迟了，在接下来的 30 分钟之内也能及时解决。如果以一个小时为单位来划分时间，事情拖到下一个小时的话，时间就没有那么宽裕了，本来打算要处理的重要事件也只能拖到下次。这样一来，就不能在一天内处理多件事情了。

按我的划分方法来安排日程的话，如果每天工作 8 小时，计算下来就是 16 个单位。充分考虑这 16 个时间单位如何分配、工作顺序如何决定，在此基础上制定日程安排，就能做到不浪费一寸光阴，条理清楚地按计划完成工作。

话虽如此，这只是我自己的日程划分表，并不一定适用于所有人。

订立日程安排是制定计划中最常见的一种方法。这可以非常有效地提高你的工作效率。假设花 30 分钟考虑日程安排，这点时间在后面的工作中很快就能赚回来，说不定还会赚回更多。

如果能养成每天按自己的日程划分表来分配时间的习惯，就能够客观地看清自己的办事能力，因此也能够确切地区分事情的优先顺序，工作效率也会提高到让自己大吃一惊的地步，而且脑袋里的东西也能得到整理。

但对于没做过日程表的人来说，一开始就考虑订立一整天的日程表，不仅会花费过多的时间，而且很难得到实施，反而会降低效率。而一个月的话又太长，不确定因素太多。所以请试着养成每周一的早上思考这整个星期的日程安排的习惯。一星期内，比起预定的日程安排，实际上多多少少会有时间不足或者腾出了空闲时间的情况出现，这样要弥补日程安排中的漏洞也比较容易。

最初可能不擅长制定日程表，时间给得不够，或空余时间太多，但是那样也没关系。重要的是自主思考，不断尝试，从失败中吸取宝贵的经验。在这样坚持每周都订立日程安排的过程中，订立的日程安排表就会越来越好。而且通过坚持不懈地制定日程安排，可以看到自己工作中的弱点，可以找到自己尚未发现的工作方法，例如采用不同的速度处理不同类别的工作等。渐渐地就能看清工作中是否有时间浪费、顺序安排不合理等情况。这样坚持一年，你肯定能亲身感受到，同样的时间内你能完成的工作量大大增加了。

管理时间

工作是不可能无限制地拖延下去的，因此对时间的管理显得尤为重要。在付诸行动的过程中，一定要有时间观念。

在这里我希望大家先回想一下自己非常喜欢的事情，什么都可以。比如说你很喜欢某一乐器但却不知道其演奏方法，可能你会去咨询懂的人，或者会去买书自己学习。重要的是你会说"那么，再练习一次吧"，然后马上就开始练习了。通过这些努力，就能掌握想学的东西了。对于自己喜欢的事情，一般谁都不会拖延时间，而会选择立刻付诸行动。但是一到了工作上，就很难做到了。

有效地管理工作时间

"那么，请在下个月之前完成这个工作，拜托了！"在商务场合，像这样需要一两个月时间来完成的工作并不少见。如果是难度高的工作就更不用说了，期限肯定也会相应延长。

假设上司命令你一个月后提交一份企划，听到命令你大概会想，反正还有一个月的时间，不立刻动手也没有问题。但是，在你那么想的时候，时间就渐渐流逝，等你察觉到的时候，就只剩下两三天的时间了。这样的经历，你难道没有过吗？

学生时代的作业另当别论，但工作场合上的期限是绝对要遵守的，由于没做到这一点而丧失信誉的例子也有很多。

因为给了一个月的完成时间，自然也就不是一两天就可以完成的工作。因此，如果接到了这种工作，不能草率行事，一定要事先制定好自己的工作日程表。资料收集所需的时间、从投入实际业务到最终落实所需的时间等问题，即使只是有个大概头绪也没关系，把它们一一写出来。但是，若制定了不合理的工作日程表，就无法实施，这样一来，也就没有任何意义了。

同时还必须要有"别人拜托你的事，就要马上开始"的意识。这看似简单，其实很难做到。因为人往往会给自己找这样的借口："今天有聚餐，推到明天吧"，"把手头这个完成了再做吧"。但是，尽早处理的话，就意味着你能在记忆犹新时把它处理好。这样能推动我们的工作，提高工作精确度。

具体来说，如果能立即开展工作的话，假设发生了什么问题，第二天一大早就可迅速处理，或找上司商量。即使有什么不懂的事情，也可以立即请教，一搞清楚就请马上付诸行动。如果不那样做的话，你好不容易学到的东西，请教到的东西，就很难真正掌握。

如果你无论如何也做不到这点的话，那你就有必要勤快地报告这个状况。在你的上司开始担心"我安排的那件事怎么样了"以前，你就要看准时机，简单地向他汇报"事情现在是这样了"。这样报告的话，上司能安心，也会更加信赖你。只要你想着对方的话，这些自然也就会了。毫无疑问，这些细微的行为会让一起工作的同伴感觉很舒服。让他们觉得"如果下次还能跟他一起工作就太好了"。在美国独立战争时期活跃的本杰明·富兰克林有一句名言："今天能做的事情不要拖到明天。"这不仅仅是快速完成工作的诀窍，而且还是"关心"对方、拓宽自己机会的诀窍。

此外，对于已经制定好的日程表，要尽可能提前完成，哪怕是提前一天也好。假设期限为一个月的工作，在进行了两周后，如果已经完成了工作的三分之二，那就应该没问题。那是因为都已经做到这里了，如果不把这个工作做完的话，就太可惜了。这一种思想会一直推动我们。

相反地，如果过了一周也还没开始的话，那就完全没有想做的心思了。等你好不容易克服了这种心情开始工作，却因时间紧迫而烦恼。人如果着手太晚的话，就会焦急起来，想要把进度赶上去，但工作效率却得不到提高。这是因为效率这东西跟人的精神面貌有着很深的关系，所以对于有截止日期的工作一定要抱有尽早开始的念头。

如果不再一天到晚说"忙"、"忙"，不再逃避现实，你就能把注意力转移到如何利用每天的时间、如何提高效率上了。可能你认为这是非常不起眼的事情，但是时间就是这样一点一滴地积累起来的。在工作中因这不起眼的事情节省下来的时间，日积月累就成为一大段时间，成为你的财富。这就是有效地管理工作时间的智慧。

利用好零碎时间

在工作当中，你会发现跟人见面之前，往往会有五到十分钟的零碎时间。事实上，这些零碎时间的使用会使工作质量出现很大的不同。

如果认为这短短的时间可以发呆，那么一眨眼的工夫，这十分钟的时间就没有了。因此，我是这样利用这些零碎的时间的：我会利用这些短暂的时间，把记录下来的笔记抄在记事本上。

当有灵感时，我有马上做笔记的习惯。有时写在咖啡馆的纸巾上或是杯垫上，有时记在筷子袋上。这样，在不知不觉中，口袋里塞满了笔记。因为要洽谈业务，所以会经常外出。在洽谈中，我会把给我留下深刻印象的短语记录在备忘录上。甚至在外出时，看到电车上那些激发灵感的话语，我也会迅速地记下来。然后利用五到十分钟的时间，重新把它们写进记事本里。

重新写下来，在整理的同时，实际上还能把无意识记下的短语再看一遍，加以确认，从而加深印象。平素像这样重新写一遍，你会惊奇地发现与以前的笔记相比，有的被简化了，有的被扩展了。经过这样的斟酌后，就会对之前所知道的内容有一个重新的认识。最后通过自己的过滤，无意中就能形成自己的见解和想法，这往往就是产生新想法的契机。

虽然是零碎时间，我也尽可能做到不浪费。当然，在这个时间里，看看报纸杂志、收集信息都是可以的。这也是积少成多的习惯。请大家也好好考虑一下适合自己的利用零碎时间的方法。

严格遵守商务约会时间

一个细小的行为常常会导致预想不到的重大失败，而导致其发生的原因往往是精神上的松懈，就好比迟到这件事。

A君每次约会必然要迟到五分钟。有一次，他陪同上司去处理一个理赔事件。如此重要的场合，A君还是迟了整整5分钟才到。这种人因为怀着一种"仅仅5分钟而已"的心态，所以并无负罪感。他把"5分钟没有什么大不了的"这种松懈的意识视为理所当然，没有自己已经迟到这种意识，所以每次无论是会议还是洽谈都必然迟到，即使被提醒多次也无法改正。这是因为他的时间观念很淡薄。

结果，A君因为迟到，被贴上了"懒散的家伙"、"随便的家伙"、"无法胜任工作的家伙"等标签。信用尽失，以后也很难再被委以重任。

俗话说，"千里之堤毁于蚁穴"，请千万不要抱有"仅仅5分钟而已"这样的念头而迟到。那么，在不迟到的前提下，什么时候到比较合适呢？我的话，最少也要提前15分钟到。场合不同，有时还会到得更早，比如提前30分钟。

难得提前到了，却什么也不做就在那傻等也太可惜了。因此，初次拜访的时候，不妨绕着公司走一圈。当你在走动的时候，这附近的地理环境，周围有什么商店等都会弄明白。和对方交换名片后，可以很自然地聊到相关话题。无论是商业街还是耸立其中的广告牌都可以拿来当做话题，因此对话会出乎意料地顺畅。

当人们站在初次见面的人面前时，总会有点紧张，要缓解那种紧张感就需要这种共同话题。如果是老乡或毕业于同一大学的话，就会有一种亲切感，而不那么紧张了。但如果勉勉强强在约定时间内赶到，只能草草结束开场问候，马上进入会谈，这时就会抱着一种紧张感进入正题。在这种紧紧张张的状态下，不可能很好地表达自己的思想，因为如果想闯进对方心里去，首先就要了解对方。

像这样，稍微提前一点的话，多出来的那段空余时间，就是发现对方与自己存在的共通点的宝贵时间。

有时也有因对方的工作未完成，让你在接待室等的情况。这时就算你在那干着急也没用，不如细心观察室内的特点和摆设，如果那房子里挂有社训就更要认真观察。如果是很棒的社训的话就直接称赞一下，如果不明白的话不妨向对方询问："那是什么意思啊？"那将会成为你们谈话的开端。

要想做到这点也只有提前 15 分钟到达才行。

行动中的灵活性

我们这里所说的灵活性是指在行动时，能摒弃固有观念，做到思维灵活、眼界开阔、随机应变，它具有不可忽视的作用。也许有人会说，让自己的思维、行动灵活起来并非易事，但我想告诉大家，还是有很多可行的办法的。

灵活思维，变换角度观察

经常开车的人都会有这样一个习惯，那就是同时关注以下五个地方：

1. 眼前以及距离稍远的前方的信号灯（两个地方）；

2. 通过左右的后视镜观察左右两侧（两个地方）；

3. 通过后视镜观察后方（一个地方）。

如果算上观察车内情况的话就是共六个地方。

有情况，如果没看到就会造成事故。看了但是没看到，和没看是一样的。

同样一件事物从五个角度观察，可以看到不同方面的不同景象。头脑僵化的人不懂得思考，通常只会从同一个方向观察问题，以致恶性循环。

数字也罢，现场也罢，如果变化角度去看的话，原本看不到的东西（本质）也可以看到。尝试着稍微让脑子放松一下，变换一下角度去看事情，也许你会有新的发现。

灵活思维，开阔视野

我说过，抬起头来、环顾四周，或者说"扩展视野"非常重要。无论做什么事情，如果不登高一步，没有全局视野，就会铸成大错。相反，如果你拥有开阔的视野，即使在小问题上发生了错误，也不会造成很严重的后果。这是因为，一旦拥有了开阔的视野，你就能够从各个角度更全面地看待问题，思维就不会被禁锢在一处，就能更加灵活。这一点对于工作，乃至对于整个人生，都是至关重要的。

例如，假设你现在在爬山，要登到山顶有好几条道路。只能看到自己登的那条路线的话，根本不会察觉到有远路和捷径之分。但是如果有环视整体的开阔视野，就能发现各条路线的特征。如果抄近路，虽可在短时间里到达山顶，但也许坡陡路险，景色不佳，容易让你感到疲劳。如果走远路，虽然费时，但可能既安全，又景色优美。究竟选择哪条路线，值得斟酌一番。

目前学校的教育是被动的而且又不允许有错误答案，面对登山这个问题，学校选择的就是抄近路，并将抄近路作为唯一的标准答案，这其中就没有过程。习惯抄近路的人，根本不知道只要稍稍绕一下就会有更佳的路线。这些人，虽然学生时代出类拔萃，但是步入社会后，却觉得自己怎么都不顺利。如果绕远路的话，登上山顶之前，可以欣赏途中美景，观赏动植物，享受登山的过程。边享受，边游玩，边休息，四处逛逛，最后登上山顶。这样的人往往能获得开阔的视野。

说完登山，再说一个海上的例子，这是一个实际的问题。大家先设想一下，现在要从伊豆的新岛划船到日本本土。视野开阔的人，看到洋流就会想到："这里的洋流太急，一旦时机不对，不管你如何用力划船，光靠人力肯定会被冲走，这样永远也到达不了本土；等到了二月，日本暖流出现的时候，自己不用划船，也能在 48 小时内到达本土，结果不需做无用功就能回到本土。"相反，视野狭窄的人，不管什么洋流，立马就开始汗流浃背地拼命划船，不管划船的方式，也不管是否在前进。运气好可以到达；运气不好，说不准就被洋流冲走了。

在工作中，没有成效就没有意义。光说什么"我已经尽力了"是得不到好评的。为了有成效，就需要拥有看看情况、动动脑子、采取行动的智慧。这时，宽阔的视野、灵活的思维就成了强大的武器。

前几天我在仙台市遇到一位出租车司机，他给了我一张独特又有趣的名片。坐在他车上时，我问他："时下经济不景气，仙台这里情况怎么样？"他回答我说："根本不行，出租车行业也不景气。但是我每天还是很忙，营业额可能是仙台第一。我是一个运气很好的人。"这时候我还以为可能人生真的有好运、霉运之分。到了目的地下车时，我才明白这个驾驶员不仅是因为运气好。

我付钱的时候，驾驶员给了我一张手工制作的名片。那名片上写着公司名和他自己的名字以及手机号码等非常一般的信息，同时，名片的反面贴着一枚 5 日元①的硬币。然后还加了一句"我会珍惜与您的相遇，提供安全又舒适的驾驶。

---

① 日语中"5 元"与"缘"的发音相同。

祝有好缘!"所以并不是他运气好。这让我更加确信,在别人看不到的地方,成功者和胜利者往往更加努力。

他的聪明之处在于,便宜了5日元的运费,并祈祷客人"有好缘",通过这样的举动给客人留下了深刻的印象。这是让我非常感动的一段经历。正是因为在细微处的用心和独特的创想,就把胜者和输者明显地区分开来了。这个驾驶员放弃了5日元,这并不是任何人都能做到的,但他却因此获得了更多的东西。

实际上以前就有人贴5日元以寄寓"祝有好缘",但很多人却没有试图通过这样的创想来取得成功,所以关键是做到罕见。认真绝对不是什么坏事情,但"死认真"是不行的。我这样说可能对不起认真的人。回到前面划船的例子,如果你被冲走的话,即使一个劲儿地努力去划桨,也是一个"不会"的人;如果你什么也没做,光在船上睡觉,但是你能顺着洋流漂回本土的话,你也会被公认是"会"的人。所以试着用更灵活的思维来解决问题吧。

灵活思维,应对危机

在工作中,你有时会意外地陷入绝境。人只要活着,就不可能使所有的事情完全按照自己的想法发展,在过程当中肯定会遇到困难。

这时,不能跨越障碍的人,会以"不能轻举妄动,以免扩大损失"为借口,选择放弃。站在原地一动不动地任其发展,幻想着问题会好起来,事态就不会恶化了吗?可是我认为,这种幻想实现的可能性为零。

事实上,这种"一动不动地任其发展"的做法是老奸巨猾的。

例如,临近很重要的商谈还有一个小时,你却遇到了堵车现象。本来十五分钟就可以到的路程,你却因为道路堵塞而无法预测到底要花费多长时间。这时候如果你认为"即使着急也没有用"而不采取任何措施的话会怎么样呢?也许就因为这次迟到,你会失去信誉,甚至错失商业良机。如果在这时,用手机收集信息，或者下车换走路的方式等，一定会找到解决办法的。

但是抱有"比起无谓的挣扎，等一等说不定会出现曙光"之类侥幸心理的人，不论等到什么时候都不能从堵车中摆脱出来。焦虑中手足无措，任时间流逝坐以待毙，到这里一切也就完了。不采取行动，就不能想出解决的对策。前面的困难越大越要勇往直前。越是困惑的时候，越是不能听天命，而应该转变思想采取行动。

所以，无论遇到什么情况都不能放弃，要用尽所有的感官想尽一切办法，灵活地解决问题，克服面临的困境，这样的话一定会出现转机。

灵活思维，舍弃墨守成规

除了遭遇困境这样的情形以外，工作中是无时无刻不需要发挥灵活性的。

虽然大家明白有必要去想让人吃惊的独特想法或办法，却总是想不出。非常多的人为自己没有创造能力、企划能力而烦恼。书店的商务书籍柜台上摆满了"创造力"、"企划力"类的书籍就是个有力的证据。光凭这点就能知道有多少人正迫切要解决这个问题。

遗憾的是，无论你读了多少这种类型的书，恐怕也找不到提高创造能力的特效药。无论看多少书，假如是借别人的脑子来思考，可能一瞬间好像有了改变，但其实并不具备真正的创造力。

解决的方法就是总抱有问题意识，自主思考。

当然不要开始时就期盼拥有过高的创造力、企划力，而是要更加重视基础，试着去思考，提出独特的创想。也就是脱离你固有的观念，灵活地从另一个角度去思考问题。

因此，首先试试用更灵活更全面的方式来解决问题，做到"什么事情都必须准备多个答案"。

例如，假设下个星期是 A 的生日聚会。要是你的话，该准备什么样的聚会呢。"招待 A 和朋友到自己的家里，吃吃蛋糕，做做游戏，再交换礼物。"一般大家都会想出这样的方案。那么我希望，除此之外你能再想出两个聚会的方案。听到这个建议大家可能会一下子毫无头绪。

换换聚会的场所也好。不选择在家里，而是选择去海边或山上，举办野外聚会，或在 KTV 房里进行卡拉 OK 聚会怎么样？就说吃饭，烤肉聚会或意大利料理都可以。或礼物不是物品，而是大家一起出钱，招待 A 去泡温泉或招待她去音乐会这样的活动也会很有趣的吧。

如此，在遇到什么问题时，要养成"必须想出多个对策"的习惯。尽可能不是两个，而是三个以上。

在商务贸易上，非常关键的是要拿出结果，而得到这个结果的方法肯定有很多。如同登山会有很多条路可供选择一样，工作上肯定也可以通过很多途径获得成果。大家如果养成"对一个问题准备多个答案"的习惯，即使是产生同样的结果，也可以想出更独特的方法。就凭这个独特方法，别人对你的看法就会发生改变，而你也会得到"机灵"这样的评价。

在眼下这个时代，想要获得成功，就不能为固定概念、固定思维所拘束，必须拥有创新的思维。只有灵活地思考问题，才能做到舍弃成规，从中有所发现。

也有经营者会说："话虽这样讲，像我们这种行业，怎么可能去谈什么创新？虽然会被说成固执、守旧，但正是老办法才能确保我们工作的开展啊。"这话没错，我们公司从事的建筑业也可以说是比较守旧的行业吧。在我们工作的建筑界里，"无论别人说我们想法如何古板，我们也不能为一时的流行时尚所左右，最好就是建造出同以前一样的建筑。"像这样讨厌变革的经营者也不少见。

当然，我并不是要否定以前的建筑。但是，也正因为如此我才体会到了强烈的危机感。我认为，如果不拼了命去创新的话，到了 21 世纪我们公司一定会被淘汰的。如果被行业旧观念束缚，到现在为止我们公司可能还只是在做转包业务吧。

要知道，过于墨守成规，被旧思想、旧习惯束缚，缺少灵活思维的话，就不能继续往前发展，这是事实。

这是我们公司建造八角形住宅时的事了。当时好不容易办下来了建设局的申请确认书，终于要正式开始建造的时候，职员当中却出现了"还是不行吧"的意见。虽然八角形住宅跟四角形住宅比起来结实得多，采光通风也都不错，是划时代的新住宅，但人们心中总是有着一种固定观念，那就是"住宅都应是四角形的，就算八角形住宅在理论上有充分的依据，实际上也是做不出来的"。

人们总是在生活中学习和掌握相关经验和知识，容易变得墨守成规，这也不是简单地说丢弃就能丢弃的。老实说，我也不清楚具体要怎么做才能舍弃旧观念。但在创造新事物的时候，旧观念总是会成为障碍。"这是理所当然的"，这样想的话就不可能产生新的主意了。

想要变革，是需要惊人的精力的。因为缺乏那股精力，结果还是无法抛弃以前的做法和价值观，不知不觉间就会衰退，什么也做不成。无论是谁只要上了年纪，就多多少少变得保守起来。因此年轻的时候就要意识到"必要的时候就要抛弃固有观念，灵活地看待问题"。

做不到的话，你就会被时代淘汰。

灵活思维，"灵感"变"策划"

你可能会在上下班途中的车上无意识地看着车内广告时，或者假日里无所事事地看电视消遣时，灵光一闪，冒出一个可以转变为策划的点子，从而提出一个令人耳目一新的企划。

这时，你应该采取什么行动来抓住灵感呢？我会马上做笔记。但是这仅仅是灵感，还没有变成策划案。

那么，应该怎么做才能使灵感变为策划案呢？我一般会选择与别人分享这个灵感。

大部分人都会有固定观念和既有概念。因而即使有灵感，很多时候也会不知不觉地陷入固定观念和既有概念中，这样一来，灵感就会稍纵即逝。为了能够用更灵活的思维来面对这个点子，与他人交流是个非常有效的方法。通过交流沟通，自然而然地，就能让自己从固定观念和既有概念中解放出来，从中得到启发。

不论什么情况，都让别人过滤一下自己的想法，这是非常重要的。这种方法尤其适用于考虑策划案时。

即便只是个不成熟的想法，如果认为很好的话，我首先会告诉别人。这样一来，哪怕只是一点点的灵感，加入了别人客观的看法之后，就可以和策划案联系起来了。灵感不能转变为策划，很多情况下是因为没有与他人分享自己的想法。不能与别人分享，灵感便只能是个灵感，最后消失殆尽。

很多时候明明是个好主意，却始终没有成为企划书，我认为原因就在这里。

一个人无论怎么思考，思维总是有限度的，同时，很多时候也会因为考虑过多而变得一筹莫展。而通过与他人交流，可以重新看清自己的思路，并冷静客观地思考出更完善更灵活的解决方案。请不要觉得不好意思，试着与他人交流吧。

灵活思维，"聪明"拒绝

与人进行良好的沟通交流是保证工作成功必不可少的一个因素。不论与什么人打交道都需要掌握灵活性这一原则。有时候只要你稍微机灵一点，就可能给对方留下深刻的印象。

你有没有遇到过这样的情况？偏偏在工作忙得不可开交时，上司吩咐道："今天内把这些文件整理完毕交上来！"一般来说，任何情况下都不应该拒绝工作。但是，在规定时间内怎么也完成不了的时候，运用灵活的方式拒绝就变得非常重要了。比如，对方是上司时，如果回答"你应该早点跟我说的"或"现在非做不可吗"等等，就会得罪上司。

因此，在这种场合，可以说："现在正忙着这个工作，那我应该先做哪一个呢?"让上司自己进行权衡判断会比较好。如此一来，上司就必须自己进行选择，从而可以减轻自己的工作负担。

像这样，运用灵活的方法拒绝多少会引起人们考虑问题时的思维变化。这在工作后的聚会当中也是一样的。即便是由于不方便而不能出席，直接说："不方便"，或直接表达不想去的意思都是不恰当的。首先，应该说："谢谢你邀请我。"然后再婉转地拒绝："不好意思，我已经有约了，我们下次再约可以吗?"

另外，我还见过有人指出他人错误时，直截了当地说："这里错了。"这也是不行的。这时，最好问对方："对不起，这部分我不明白，能否给我解释一下?"

像这样稍微顾虑一下别人的感受，根据情况的不同，灵活地改变与人交流的模式，选择适宜的语言，才能够顺利地与人沟通。

事业有成的商人，都擅长"改变表述法"。

行动中的速度感

很多年前，我们公司就有为已经确定聘用的学生提供去现场实习机会这样的制度，这对那些想要获得成功的年轻人来说是个很好的机会。然而这项制度刚开展的时候效果并不理想，曾经有一家大学在学校论坛上刊登"最近有一些骗子公司，将学生当无偿劳动力使用，敬请各位同学提高警惕，不要上当!"虽然没有指名道姓，但很明显，说的就是我们公司。那是因为学校大多数的老师和学生都没有理解这项制度的意义。然而现在，几乎每家公司都提供实习机会，拥有相关的制度。有一次我去一所合作大学时，那里的老师对我说"您真是走在时代最前沿啊！"

只不过短短几年时间就发生了这么大的变化，这个时代的变化速度真是快得让人不得不感慨啊。在这样的社会中，做任何事"速度"都是很重要的。

虽说现在已渐渐不用过去流行的"速度时代"一词了，但是实际上当今时代比过去的时代更需要速度，特别是手机、电子邮件、互联网等广义上的 IT 革命的产物更把商务从场所和时间上解放出来了。无论何时何地都能够用电话联络，用电子邮件联系，也能检查文件。依靠互联网，消费者不需要借助中间商，就可以直接获取信息和商品。因为 IT 技术的进步，我们的生活正不知不觉地不断变得方便而美好。

接下来让我们来考虑等人的方法吧。如果是以前，要事先决定等待的地方，有时还需要事前把那里的地址和电话号码通知对方。但是现在只要确定大致的地方和时间，等到了附近再用手机取得联系，就肯定能见到对方。

大家越来越觉得这样的速度感是理所当然的，习惯了以后，就感觉不到自己的实际速度了。生活在这样的速度时代，偶尔遇到与当今时代速度感不相符的情况时，就会感到愕然。日本的法院和国会就是典型的例子。

当今社会，少年犯罪、恶性犯罪，还有地方性的异常事件越来越多。报纸或电视台等新闻媒体，连日报道这样的事件。但是尽管报道了事件的发生和过程，可到最后却低调了下去，人们也渐渐地失去了兴趣。事实上当问起"那事件最终怎么样了"，可具体情况就是想不起来。其原因就是案件在法院滞留的时间太长了。从事件发生到判决，有时要花数年时间，这并不少见。即使是半年前的事情，在这个变化激烈的时代也会想不起，更何况几年前的事件。想不起来也是理所当然的。现在日本的法院制度就是这样，与时代的速度感不相符。

同样，日本的国会也不敢恭维。相互质疑的人在发言时，为什么要重复地站起来，走到台前，然后又坐下。而且提问者和回答问题者都很清楚，为什么每次都要议长慢悠悠地叫全名？不叫名字，难道就不能发言吗？与其限制质疑的时间，还不如削掉大臣和政府委员发言时走来走去的时间，去丰富质疑的关键内容。现在通过收看 CNN 等方式，获得了更多了解外国议会的机会，大家也知道英国议会非常有速度感，让人很舒服。而且议题认真，节奏又快。确实，现在的时代，如果不是那样的话，就无法期待左右国家命运的决断了。如果今后日本还是与现在一样，我很遗憾地说，实现日本机构改革等方面理想的机会就很渺茫了。

话题有些偏离了，其实自己的工作也是同样的情况。

在这追求"速度感"的时代，要让行动完美，你就必须拥有合乎时代的速度感。这是显而易见的。如果一瞬间就能看透对方，拥有"有速度感的行动力"，就有可能出色地完成工作。但是实际上，即使明白也拿不出这个速度感的人并不少。

经常听到有人说"政府官员没有成本意识"。公务员是从税金中领取工资，所以不管工作完成情况是好是坏，效率是高是低，约定好的工资都能如数领到，所以成本意识低。对同样的事情，花很多时间完成的人和马上就能做好的人，当然是时间花的多的人成本高。时间不是免费的。所谓没有速度感的人，就是对时间这个无形成本很迟钝的人。

要拥有速度感，就得培养细小的行动也需时间成本的意识。因为这样你就会知道自己的金钱价值。

你知道你自己的工资是多少吗？当然没有人不知道。但是把它转换为日薪是多少，你有没有算过？换成时薪的话又是多少呢？换成秒薪又是多少呢？

我给大家举两个具体的例子来说明行动中速度的重要性吧。

约会的"速度"

经常在会议结束，我走出会议室的那一瞬间，就有职员打电话预约见面。越是有能力的职员，越是会像这样尽早地预约时间。现在确实是一个速度时代。

在这样的社会，若摆出一副悠闲的样子，那所有的事情都会陷入滞后的恶性循环。若尽早预约的话，其最大的优势如字面意思，可以迅速地确定见面时间。

如果可以尽早和对方见面，那么相应的工作就能早些取得进展，剩余的时间就可以做其他工作了。如果很晚才预约见面的话，就可能失去与对方见面的良机。若拖到后面，就会和其他工作的时间发生冲突。这样一来，就会陷入抽不开身的状态。不管是商谈还是委托工作，情况基本都是相同的。

确定约会时间时，肯定是不知道对方的日程安排的，所以高明的人会直奔主题："明天，或者后天，不知您是否有空？"虽然这样会让人觉得有点失礼，但是越是忙的人，越是希望能有效利用空闲时间，因此这样反而会受欢迎。但是预约不高明的人，他会问："下周，不知您什么时候有空？"这样一来，不知不觉中会让对方优先考虑自己的时间。若对方日程排得很满的话，最终会导致无法见面，同时也可能失去宝贵的机会。为了避免这样的情况，应该尽早确定约会时间。

特别是在必须确定下次会面时间的情况下，最好是在初次见面之后，当场确定时间。这样一来，在对方日程还没有排满的情况下就已经确定下来了，同时也可以调整自己的日程，这是非常合理而有效的方法。

处理索赔的"速度"

工作中不可避免的是索赔。就连我们公司，有时也有索赔的情况。索赔不容你选择时间和场所，不言而喻，处理索赔的基本原则是"确定客户是对哪个方面不满，要表达出自己的诚意"，在这样的场合，最重要的是迅速应对。不管遇到什么样的情况，首先要立刻亲自向对方道歉，如果错过了时机，索赔的范围会逐渐地扩大。

那是某个夏天发生的事情。东京一家大百货公司送中元节的礼盒到我家，里面是用陶器装的点心。但是万万没有想到，一位到我家做客的熟人把点心放到嘴里后，舌尖就被刺伤了并流出血来。我察看了一下，原来是瓷器有一点破了，碎片混入了点心中。

给百货公司打电话说明了情况，挂了电话后两个小时，食品部负责人就来到了我家。我家在静冈县，从东京乘新干线再坐出租车过来，是需要两个小时的。这个负责人和我通了电话后，估计是立刻从百货公司出来的。这样的速度着实令人吃惊。一方面没有发生大事情，加上百货公司及时地采取了措施，所以心中的不快烟消云散。因此我认为，做任何事情都需要看准时机，及时应对。

出现问题时，应该立即向相关人员报告、联络，由他们来采取具体措施。如果不这样的话，一个很小的索赔会演变成公司的丑闻。

接到索赔急忙赶到现场后，如果无法立刻判断原因，必须要清楚地告诉对方具体时间，"调查的结果，我会在×日×时通知您。"这样用数字表示，会让对方觉得安心。妥善处理并跟踪索赔，不仅能构筑和谐的人际关系，还能以此为契机，提高服务质量，提出新方案，这样的情况也是不少的。

是否能够活用行动将索赔变成契机是由你的态度决定的。不要让索赔仅以对方的怨言而结束，要把它与新的业务联系起来。

人们经常说"运气在实力"，我却说"something great"。拼命努力的人和有干劲的人身上有不可思议的力量（something great）在发挥作用，不知为何所有的事情都似乎进展顺利。

要想像他们一样，得到幸运女神的青睐，我认为关键的就是"速度"。机会不等人。如果不能立刻连续地完成，就会眼睁睁地看着来之不易的机会跑掉。想着"之后再做……"，不断将事情向后拖延是不行的。有速度的人，也就是"与时间交朋友的人"能唤起好的"流"，不仅给其本人，周围的运气也会提升。在整体的"流"朝向不好的方向时，需要自己具备能改变这种流的能力。平日希望能与有"运气"的人交往。

总而言之，当今社会做任何事情都需要速度。而我所理解的速度，只有"立即"，"第二天早上之前"、"最迟 24 小时之内"这三种。为什么这样说呢？大家都知道在日本，宅急送之类的快递行业很发达，在日本国内基本上有能够保证第二天物品就到达的系统。简言之，在这个行业或者可以说在日本国民心中，速度（24 小时以内最大限度的时间期限）就是成功。

我们公司曾经开展过一次学习会，在结束后要求大家提交报告给我，这里所说的结束仅仅是指面对面的交流结束而已，学习会实际上一直持续到大家把报告交上来才算正式结束。

A 组：立即用 Email 发来了报告。且不管报告的内容怎样，仅其行动的速度就让人非常满意。B 组：第二天早上发来了报告，一般般。C 组：24 小时之内发来了报告。报告内容没深度，勉强及格。D 组：48 小时后才发来报告（学习会结束后两天终于等来了他们的报告）。平日也没什么成绩，属于"问题组"。E 组：很久之后发给我一封邮件，叙述他们那边情况发展如何如何，给我的报告也通篇都是借口，我就不予以评价了。

参加了同样的学习会，听到的是同样的内容，却出现了 A～E 五个等级的差距。暂且不看内容如何，只看在自己制定的计划基础上的实际行动和挑战这方面，谁更胜一筹便一目了然了。希望大家不要害怕失败，而要勇敢挑战。特别希望像 D 组和 E 组的人，可以转变思维，令人刮目相看。

时代在快速变化着，但问题是，我们能够跟上时代变化的步伐吗？纵观世界历史，能够存活于世上的事物，既不是最强的，也不是最大的，只有那些能够适应变化的事物才能存活，只有那些不断发展变化的事物才有魅力。想想一年前、五年前的自己，变化了吗？成长了吗？

我有个朋友非常聪明，头脑清晰。但是，最近他经常会突然想到一些困难的事情。对于时代的变化，他有着比我更清晰的认知，但他的认知似乎仅仅停留在知识层面。如果不能在自己的生活和工作中很好地应对变化，知识就无法发挥它的作用。正如不懂得怎样使用电脑的人不能适应时代一样，不仅仅要了解，还要会操作，否则也没用。如果每天重复做同样的事，就不可能得到成长、变化。

不仅要能适应时代变化，而且还要能走在时代之前，一步或者说半步就可以了，尽可能快速地处理所有事情、业务和约定就是我所强调的速度。

行动中的坚持不懈

每个月的 8 号、18 号、28 号，我都会将自己的一些感悟和想法以短篇博客的形式写出来与公司每一位员工分享、交流。开始写博客是 2000 年 2 月 8 号的事情，到目前为止已经整整持续了 12 年。想一想我在中国开展的事业也已经持续了 37 年，GMC（经营管理者培训）也持续了 7 年。

这期间，我走过的道路绝非平坦，有好事发生也有坏事发生，中途也曾出现过很苦恼的时候，甚至还动摇过，考虑着是否该放弃。

任何一件事情，坚持做一天两天是很容易的，但要长久地坚持做下去并非易事。但是现实生活中，很少有人能够通过一天两天的行动、一次两次的尝试就获得成功。毫无疑问，成功离不开坚持不懈的行动，坚持能帮助人抓住事物的本质。

坚持下来得到的本质，是只属于你自己的超越一切的财富。就像我，正因为三十多年的坚持，让我逐渐被很多人认为是关于中国，特别是与中国人交往的专家。

在中国开展的一系列事业让我清楚地认识到：只要坚持就能寻找到本质，坚持的东西最终会转化为你的能力。

直面困难，坚持不懈

当今社会情况很是不景气，企业和个人都很辛苦。遇到困难时选择逃避只能获得一时的轻松，可实际上什么都没有改变。

我前几天跟看上去很没精神的 S 君聊了会儿天。他说真的觉得很辛苦，所以想要放弃想要逃避，选择一条轻松的捷径。如果真的有那种捷径存在，早就有人发现然后一举获得成功了。

我对 S 君说："逃避是没有用的。必须正面积极地面对问题，要不然是找不到解决办法的……还有你必须试着跟不同的人交往。跟以前交往的那些人聚在一起只会互相发牢骚说不景气啊不景气，这一点用都没有。"

遇到困难时不要轻易放弃，也不要在那里钻牛角尖，因为往往一个人很难走出自己已经陷入的怪圈中，这对解决问题没有丝毫帮助。这个时候我推荐多跟不同的人交流交流，因为不和那些与自己具有不同思维的新朋友打交道，就没法获得新感悟、没法改变自己的状态，总而言之就是自己得不到改变。和积极向上的人打交道，潜意识里可以改变你的精神面貌和意识，这一点很重要。

重视过程，坚持不懈

近些年，随着日本终身雇佣和论资排辈这种传统的雇佣形式的瓦解，很多年轻人都频繁跳槽。希望这些年轻人千万不要误会：连续工作十几年之后跳槽和工作一两年就跳槽是完全不一样的。

古语有云："只要功夫深，铁杵磨成针。"没有连续工作三年的人是不能很好地从宏观上对自己的工作进行把握的。连续工作三年，其中肯定会有苦有乐、有成功也有失败。你可能会注意到，以前觉得难以跨越的难关，现在已经渡过了，并且从中体验到了无穷的乐趣。这就是工作产生的乐趣。事实上，这只是个起点。

这和兴趣是一样的。例如在学滑冰的时候，你好不容易学会了蛇形步和旋转，这时你若选择放弃的话，不久你就会变得连直线也不会滑了。

简言之，最初工作的三年是熟悉业务非常重要的基础阶段。

这段重要时期还没过完就跳槽的话，和刚工作时的状态是完全一样的。不管哪个企业都不会聘用连基本水平都没有达到的人。进入社会一两年所学到的技能是寥寥无几的，顶级优秀的人不会这么轻易地选择放弃。

这几年经常在杂志招聘版上看到工作一两年就跳槽的"第二应届生"的特辑。但是，从这个大背景来看的话，现在的"跳槽热"只不过是跳槽者不断围绕不同的公司转而已。

请从一个管理者的角度来考虑看看。如果你是领导，你觉得这样的人值得信赖吗？

每当询问他们为何跳槽时，经常听到的答案是："自己不适合这个工作"，但是把这些人调到其他部门，也没有听说过这些人有何过人的表现。觉得工作不适合自己便马上放弃的人，大多是因为不懂得坚持。其实，工作中只要有了坚持和行动，就能取得一定的成果。

但是这些人并不行动，而只是一味地烦恼，这样无论等到何时都不能摆脱现状。那么，怎样才能更好地强化行动力呢？

那就是要重视工作的过程。

一说到目标，人们就倾向于注意"这个月营业额达到百万元"等结果。但是事实上，要达到这个结果做了什么才是最重要的。例如，"这个月要试着访问

100 人"也好，"今天要打 500 个营业电话"也好，只有经历这个过程，才会有结果。

经常会听到有些运动员说："比赛仅仅是把迄今为止练习过的东西全部表现出来而已。"这是因为他们重视比赛前的练习过程。也就是说，他们知道如果没有平日的练习，就没有今天的实力，所以他们选择在练习过程中坚持不懈。珍惜练习——这个比赛前的过程，然后在比赛当中全力以赴。

这和商务活动是一样的。不管是商谈也好，提案也好，必须先做好调查，并能够活学活用，这样才能发挥自己最大的力量。对上述一点不够重视，以随随便便的态度进行商务活动的话，就不可能淋漓尽致地发挥自己的能力，最后也得不到满意的结果。

努力也好，奋斗也好，我这里想强调的是，你在工作当中，有没有真正重视过程。最好把每一次的努力和最终结果联系起来。一流的商务人士们都重视过程，都知道在过程中坚持不懈的重要性。

面对失败，坚持不懈

K 君和 H 君都参与了某个项目的工作，因为两个人都是第一次，所以成绩并不理想。K 君把他失败后的感想写成报告传到了网上，为一起参与工作的伙伴起了指导的作用。H 君是与 GMC 成员 Q 君一起参加某个项目，Q 君取得了非常了不起的成绩，但 H 君却失败了。而且在项目完成前，他丝毫没有考虑过如何活用失败中的经验和教训，仍按照之前的工作方法一成不变地工作。

之后我对 H 君说："GMC 的 Q 君做得那么棒……你没什么想法吗？吸取失败后获得的宝贵经验，改变一下工作方式试试看怎么样？"活用失败中获得的经验，才能更有自己风格地完成好每一件工作，想出更多的新点子，工作也会变得更轻松。

工作中也好，生活中也好，对任何人而言，失败都是不可避免的。如何面对失败经历，从中获得成长才是最重要的。

我曾经发现公司员工 A 君有这样一个坏毛病，就是虽然明白我的意思，但无论如何都不去行动，不去挑战……为了弄明白这到底是为什么，我找他谈了一次话。

"因为害怕失败"，最终 A 君跟我坦白了。也就是说，他害怕失败以后会"伤自尊"、"没面子"、"失去骄傲"。

谁都不喜欢失败，希望获得成功。但是往往失败的时候会比成功的时候学到更多的东西。

遇到一次失败后，不能仅仅让事情停留在失败的那一步，需要紧接着去解决问题。解决了一个问题后可能还会出现下一个问题，就算这样的一次次错误一次次失败，只要坚持不放弃，总会得到好的结果。

每次碰壁后都需要思考"为什么会失败呢？在哪里出了问题呢？自己有没有什么问题？对方有没有什么问题？方法上有没有什么问题？为了以后不再失败应该怎么做呢？到底什么才是最好的解决办法呢？"等等一系列问题，自己找出答案。这就是发现自己不足，让自己学会怎么做的过程。

从失败中成长起来的人是有魅力的人，反而言之，不失败（我这里说的是刻意逃避失败）的人往往才是没有魅力的。

当被别人问起成功经历时，有些人会认为这是在炫耀自己而拒绝回答。但奇怪的是，成功的人往往愿意谈论失败，我的熟人当中也有把自己的失败当成笑话讲的。为什么说"失败谈"很有趣呢？那是因为失败可以检验自己，并使自己完全吸取教训。谈到失败时还能谈笑风生，就证明了这个人完全跨越了失败，并已经从中学到了东西。所以，当职员失败了，我会问他从中学到了什么。如果从中学到了东西，那也算是他收获了成长的果实吧。

工作，在某种程度上意味着要经历无数的失败。因害怕失败而一味逃避的话，是绝对不会成长的。多次失败的人都是坚持不断行动的人，行动了，自然失败也会多。没有干劲的人是不会有这么多麻烦的。一个人如果没有失败，就说明他从来没有挑战过。失败的人会朝着下次的成功，为取得双份的回报而努力。

失败是宝贵的财富。有很多失败经历的人，在遭遇同样的情况时，拥有初次挑战的人不具备的经验，能在瞬间稳住并告诉自己："不能重蹈覆辙。"和没有失败过的人相比，他们犯致命错误的几率要低得多，所以再次失败的可能性也会大幅度减小。

然而，并不是说要故意去失败。觉得这次失败了，那么在下次决胜负的时候，要总结并活用之前的失败经验。这是为了防止下一次失败所采取的预防措施。

大家在小时候恐怕都有一些辛苦的经历吧。是的，就说学骑自行车吧，多次摔倒、爬起、哭鼻子，甚至想放弃，但最后人人都学会了骑自行车。而且，一旦学会骑自行车，就终身难忘。因为，在不断挑战和反复犯错的过程中所掌握的东西不是那么容易忘记的。大家也可以回忆一下自己的兴趣爱好，不管是运动还是游戏。还记得吗？在你熟练掌握以前，曾经经历了多少次失败？

就说钓鱼爱好者，在学会钓鱼以前，也许曾经跑过很多地方，经历了很长时间什么也钓不到的痛苦，不断地挥竿收竿，饵被鱼吃了，而竿上的钩子却仍然空空如也。一次次地失败，一次次地尝试，在这样的重复中最终通过亲身实践掌握了钓鱼的诀窍。对于钓鱼爱好者来说，是在快乐地体验着这种痛苦。因为觉得有趣，从中领会到的东西就终生难忘了。

这就是所谓的从失败中学到东西。不断地积累经验，就不会再犯致命的错误。

但是，如果把钓鱼换成学校里的上课，又是怎么一种情况呢？现在大概没什么人还能牢记课堂上学到的内容了吧。钓鱼的诀窍难以忘怀，上课的内容早已淡忘，原因何在？就是因为在学校没有"享受失败"这个过程。

言下之意，用自己的头脑思考和学钓鱼、学骑车完全是一回事儿。也就是说，用自己头脑思考的过程就是反复失败和不断犯错的过程。而在学校教育中是不允许失败的，正确答案是唯一的，错了就要扣分。在那里，只有死记硬背，不允许犯错和失败，更不用说享受失败的过程了。

作为成人，要自己去学习，而不是死记硬背，必须不断重复失败和错误，然后才能掌握很多事情。用自己的脑子思考这件事是不可缺少的。所以别害怕失败，主动学习，多动脑子，这个过程中掌握的知识肯定能成为你一生的财富。而且，在自己的头脑中不断地"试错"，也是一件令人愉快的事情。拼图游戏就是这样。在游戏中，总得不到正确答案，持续不断地烦恼、困惑，这样一来，获得成功时就能体会到更大的快乐。这种"试错"就是自己思考和自己学习的过程，没有这种经历的人是没有学习能力的。

多多经历失败，多多享受失败，并且失败了也不要放弃，你的头脑就会更灵敏。

越早开始工作的人，允许他失败的次数越多。我经常对公司的年轻员工说："趁着年轻，多犯点错误，多失败几次都没有关系。"当然，总是在同一件事情上重复同一种错误的失败是不允许的，我这里说的允许他们的失败是指勇于面对各种挑战后所经历的失败。从失败中可以学到很多东西，这种宝贵的体验可以成为你的武器，减少今后的失败，对日后的成功有着很大的意义。

针对失败，我想推荐我们公司一直推行的一个简单有效的做法，那就是写检讨书。

进入公司以来，你是否有过被他人要求写检讨书的经历呢？在我们公司会要求职员写检讨书。

所谓"检讨书"，正如其字面意思，是为了检讨过失而记述事情原委的文章。其中包含着保证"这是最后一次，不会再犯类似错误"的意思。

正如俗话所说的"常在河边走，哪能不湿鞋"，人也是一样，事做得越多就越容易暴露问题，这些问题有可能导致失败，而如果没有行动就不会出现任何问题。如果上司不分青红皂白就训斥职员，职员下次就不会再行动了。或者，如果只是要求职员低头道个歉，他睡一觉醒来，就会左耳进右耳出，很快就忘光了。所以，要求写检讨书，就是要让他记住犯错误这件事。

写检讨书能够达到重新审视自己行为的效果。如果能够认真对待写检讨书这件事，暂时停下脚步冷静地审视自己，是很有益处的。只听一遍就完全掌握，并能够毫无差错、毫无困难地解决问题，这样的人是极为罕见的。任何人都是在不断犯错误中成长的。

因此，我常对职员说："不要害怕失败，请你不断地失败并写检讨书吧。"这也是因为我认为写检讨书的次数和人的成长是成正比的。只有行动了才有可能失败，并因此写检讨书。本公司的检讨书同策划书的要求是一样的，即一张 A4 纸。只需认真地写出要点，无须他叙。

有一位职员结婚时，我曾把他的检讨书作为他成长的记录交给了他，这一举动也得到了极大的好评。

当诸位写检讨书时，请在提交之前拷贝一份。五年后、十年后再回顾一下，或许能从中看到自己多次失败后坚持不懈所获得的成长。

行动力自测表

1. 你是口头派，还是行动派？

2. 有勇气给面试时拒绝你的公司发一封"请求重新考虑录用我"的邮件吗？

3. 当面临危机时，你有能力将它转化为机遇吗？

4. "忙"是你的口头禅吗？

5. 养成了制定计划的良好习惯吗？

6. 制定计划时，做到了从整体、全局、长远出发吗？能做到运筹帷幄吗？

7. 是否能同时承担几项工作？

8. 是否曾经因三件或五件事情同时摆在你面前而不知从何入手呢？

9. 是否给你的工作排了优先顺序？

10. 出差、旅行前，会认真查询天气、线路吗？

11. 每周一早上都会按时制定一周日程吗？

12. 有良好的时间概念吗？能严格遵守工作期限吗？

13. 5 到 10 分钟的零碎时间都很好地利用起来了吗？

14. 当有灵感时，是否有马上做笔记的习惯？

15. 是否经常迟到？是否常有"只不过迟到……分钟而已"的想法？

16. 习惯"抄近路"吗？习惯在爬山或上班时走一条固定的路线吗？

17. 是否学会了聪明灵活地拒绝？

18. "立即行动派"、"明早行动派"、"24 小时内行动派"、"48 小时行动派"、"无限拖延派"，你属于哪一派？

19. 约人见面，是否提前预约？

20. 面对失败、面对挫折，都能做到坚持不懈吗？

第四章

梦想力

- 梦想的力量
- 把自己放在一个较高的环境中设定一个较高的目标
- 从整体的角度出发设定目标
- 目标设定要具体
- 设定一个自己随时可以看到的目标

奥普拉说过："一个人可以非常清贫、困顿、低微，但是不可以没有梦想。只要梦想一天，只要梦想存在一天，就可以改变自己的处境。"因此，无论企业还是个人都要树立梦想并为之而奋斗。

梦想是属于每个人自己的东西。不受任何人的指示，任由你自由地去描绘、去实现，这才是梦想。而且，梦想并不是虚无缥缈、不可实现的，它总在某一处与现实的某一个点相连，所以不应轻易放弃。谁都拥有实现梦想的能力，而且这一能力是可以培养的。

梦想的力量

我的父亲是在 65 岁时去世的。那个时候我第一次真切地感受到，无论是谁，在最后一刻都是赤条条地死去。无论他留下了数额多么庞大的遗产，也无法带到死后的世界中去。

人们总是拘泥于双眼能够看到的有形事物，其中的典型就是数字。假设把这个月的目标设定为 100，人们就会以这个数字为目标而不断努力。当接近这个数字时，便会安心。

但是，无形的东西双眼是看不到的，比如梦想和人生价值。

这是一个高薪挖角和独立创业的黄金时代。在这方面，我有过痛苦经历。

三十年前，当我刚接手父亲的木材加工公司时，本来就只有二十个职员，可有十三人提出了辞职。当时对我的打击，现在还清楚地记得。我一家一家地拜访了那些辞职的员工们，向他们询问辞职的理由。结果大多数员工对我说，在公司待遇和人际关系方面，并没有什么不满的地方，只是觉得这个公司没有梦想。

听了他们的回答，我很是吃惊。

不久，大部分的辞职员工都到附近一家他们认为有梦想的加工厂去了，那是一家规模较大的工厂。那时我就想，公司并不只是人们工作的场所，它还需要梦想。

在这之后，我就思考着怎样让自己的公司成为有梦想的公司。为此，我不想把公司业务局限于木材加工，有时也想尝试其他商品领域，所以就把公司命名为"南富士产业株式会社"。

从那之后过了三十多年，目前公司业务已经由屋顶工程发展到住宅销售、中国茶的进出口贸易、人才培养等多个领域。但始终没变的，就是坚持公司要有梦想这么一个理念，而且这一点永远不会变。

所以，现在我们公司在以下两方面同时并进，一是赖以维持生计的业务，二是有发展前景的人才培养事业，后者正是我的梦想和目标。

从20世纪70年代开始，我就着手在中国开展"播种"事业，至今已有三十多年了。一开始的契机是把已经不用了的二手书籍转赠给中国的大学和图书馆。后来我被聘为客座教授，在中国培养了许多学生。

另外，我现在在中国创立了"GMC"（Global Management College），负责中国学生的教育和研究工作。我想构筑一种商业模式，为人尽其才的公司提供生源，以实现互惠互利。之所以把中国作为对象，是因为考虑到不久的将来，中国将拥有良好的市场前景，而且中国也是个聚集优秀人才的宝库。

企业经营者总是在进行有形的投资，认为只要现在能赚到钱就行，实际上能赚钱的业务是很多的，但是我认为，这种业务往往是没有梦想的。

没有梦想，干劲就提不上去，也就不能快乐地工作。一味考虑眼前利益，久而久之，目光就会变得越来越狭窄。长久下去就会形成一个恶性循环。

作为一家公司，对赖以维持生计的工作感兴趣并投入很多是无可厚非的。比如说，"如果引入这种机器，生产力将是现在的三倍"，"买入这块土地和这支股票，肯定会增值"。

但是今后的时代，如何进行无形投资将成为决定胜负的关键。我想说的是，不要只关注于眼前的利益，如果时间和金钱允许的话，请为自己定下梦想，以便创造无形资产吧。

具体地说，请对不能马上看到成果的事情也感兴趣起来吧。

拿企业来说，为了使企业生存下去，怎么培养人才是关键。如果不能做好这一点，企业生存也会成为问题。培养人才是企业对社会的最大贡献。培养人才即创造企业、创造市场、创造新的时代。是否能做好这一点，将会使企业间产生差别，这在将来会体现得更加明显。

也正是因为这个原因，我给亚洲学生颁发的奖学金，掏的都是自己的钱。我认为，等到"发芽开花结果"后，这个人才网络一定会产生巨大的商业机遇。这就是提前播下希望种子的行为。

我现在正为培养人才而辛勤地播种，这种播种工作对于人的成长是很有必要的。

任何事情如果没有播下种子是无论如何也不会发芽的。从播种到发芽，需要坚持不懈。

花一点点时间，在自己的心里和脑海里播下种子，肯定会迎来开花结果的那一天的。

为公司为自己确定一个梦想，制定一个目标，肯定会迎来收获的那一天的。

银行和顾问在评估一家公司时，都是根据数字（资产负债表和利润表）来做判断的。但我是根据工作在第一线的员工们来做判断的，也就是说看现场有没有活力。有梦想的公司，员工们的眼中会充满光辉，动作也很灵敏，看了就让人觉得心情舒畅。相反，没有梦想的公司是死气沉沉的，员工们的眼神也呆滞无光。

公司的前景是好是坏，公司是否有梦想，高层的判断力是关键。

但员工自身也要有将自己所在的公司建设为有梦想的公司这样的思想意识。试问，你对公司怀有梦想吗？

实现梦想的第一个条件即是自己去描绘梦想、抓住机会，为了梦想而付出努力。仅仅在一边袖手旁观，是没法实现梦想的。

抓住机会，发挥能力，拥有实现梦想的能力并不是一件简单的事情。梦想越大，所需要的能力也就越大。如果从一开始就嚷嚷着"反正我办不到"然后放弃的人，是肯定无法实现梦想的。

我们的梦想往往是概括的、抽象的，但目标是具体的、可以量化的。目标就是量化后的梦想。所以制定一个合理的目标对实现我们的梦想有着重大的意义。

做任何一件事情时，都一定要有个明确的大目标。一定要紧紧抓住这个目标，即使现实情况有所变化也不能忘记自己的目标。怀着远大的目标开始一项新的事业时，如果无法一个人完成，就必须借助众人的帮助。如果进行这项事业的人能够明白这项新事业"为什么而做，最终目标是什么"，即使发生再多的问题也能顺利解决。

希望大家能再确认一下"我现在所做工作的目的是什么"。为了达到这个目的必须有效地灵活运用"人、物、钱和信息"，不妨试问自己一下，现在自己所用的方法"能不能有效地发挥作用"？以此来重新审视一下自己做事的方法。

希望大家工作时明确目标和手段，思考自己的职责是什么。

为了实现梦想，首先就是要明确自己的最终目标，树立了这样的目标后，有必要将其转化为具体的目标，一步步去完成。那么，你知道如何合理制定目标吗？

把自己放在一个较高的环境中设定一个较高的目标

请想象一下正活跃着的专业棒球选手。他们每个人应该都是从孩提时就开始憧憬成为棒球选手，怀有"总有一天要身穿专业选手的制服活跃在球场上"的梦想。不可能存在没有梦想突然就能成为专业棒球选手的人吧。

不管自己是否意识到，他必然设定了自己的人生目标。

目标的高度不是由他人来决定的，而是自己决定的。人生常常因其设定的目标高度不同而有所不同，并且目标高度往往是由一个人所处的环境高度决定的。

常言道，人是会因环境而变化的，我认为如果把环境换个说法的话就是机遇。也就是说，所谓的美好人生，是到处充满机遇的人生。不管你有多么出色的能力，如果没有施展才华的环境你也不会得到成长。

环境有别人提供的，也有自己创造出来的。比如学生时代的考试，就是别人提供给自己的一种环境。但等你步入了社会你就会发现，并不是所有的人都能在平等的环境中享有机遇。

机遇只能靠自己去创造。因此，首先就要试着把自己放在困难面前。比如说，试着去竞选项目的领导权。不要畏畏缩缩的，一旦有机会，就要立刻说："请让我来做。"大胆地说出来就能给自己创造机会。即使是那样简单的一句话，也会成为改变自己的第一步。

因为缺乏自信，所以不能大胆地说出来？我觉得这个理由一点都不成立。

谁也不可能一开始就充满自信。重要的是要有"想尝试"的意识。常说"职位让人成长"，人正是因为将自己置身于较高的环境里，才会将自己的视野放得更高，拥有更远大的梦想，才会发挥出自己的潜力，最终获得更大的成功。相反地，如果一直都从事一些简单的工作，无论多久也不可能有那种创造机遇的意识。为了让自己成长，首先就要尝试去改变环境。请把自己置身于自己能力以上的环境中去吧。

请想象一下跑马拉松。一开始就要跑 42.195 公里的话简直就是天方夜谭。但如果你每天都坚持练习的话，肯定能够五公里十公里这样子跑下去，体能也会得到提高。如果你只是想着"我何时才能变成那样子"而不去尝试改变环境的话，你的一生都不会有机遇来光顾的。

例如，把自己放在一个平庸的环境里，将终极目标定为当上科长的话，如果勤勤恳恳、踏踏实实地工作，按照年功序列制总有一天你会爬到那个位置，但却不可能会当上社长。可是，如果我们把目标定为"五年内好好工作，之后一定要独立"。那么，把五年时间反过来计算一下，就能清晰地看到现在必须做的是什么。于是，每天的生活也必然随之改变。

这是因为目标越高越具体，就能越明确地深入到意识当中。也就是说，因为眼前树立了明确的靶子，之后就知道应该怎样射中靶心了。能够这样想是很好的。就像这样，曾经设定一个目标又实现这个目标的人，又将设定新的目标。

这是因为，人们在将无法实现的目标转化为可实现的目标的过程中，感受到了快乐。如果观察一下世界上的成功人士，你就会发现他们基本上都给自己设定了一个较高的目标并且在实现一个目标的同时，又立即设立了下一个目标。

为了实现目标，就需要新的能量。而这个过程恰好激发了人体内沉睡的潜能。

在任何状态下都不要满足于所处的环境。当你想着"这样就行了"的时候，你正在停止成长的脚步。当你实现一个目标时，应马上设定下一个目标。请你时常提高个人目标，也继续保持如何做到更好的想法。

树立较高的目标，然后为了实现目标把自己置身于能力以上的环境中，最大限度地将自己的能力发挥出来吧。

从整体的角度出发设定目标

经常可以看到那些年轻的生意人在会议上逐字逐句地记录会议上的发言。实际上也正是这些人在不停地犯错。为什么呢，答案很简单，那是因为他们只专注于做笔记，而对整体的内容并没有掌握。

当然，做笔记本身并不是坏事。因为具体的固有名词和数字容易忘记，做了笔记会比较放心。做笔记在推动工作上有一定的作用，但也只不过是确认工作的辅助工具而已。若为此而把精力都投在做笔记上，就会抓不住整体。这样的话，还不如用录音机录音，会议后摘取要点。

人与人交流时，发言者的讲话固然重要，但把握周围人的反应及全场的流程等总体情况更是重中之重。

最近，在中小学的运动会上，经常能看到手持录像机或照相机站在最前方的父母亲。虽然能理解他们想记录自己的孩子在赛场上灿烂的瞬间，但一味地沉迷于其中就看不见周围的情况了。他们记录的只不过是通过取景器看到的世界，却丧失了运动会上通过五官来感受的机会。

从自己的孩子身边跑过的小孩中途跌倒了，但他还是拼命地跑完了全程。这是感动在场每一个人的一幕。但如果只顾着放大焦距镜头来关注自己的孩子，就会错过这令人感动的场面了。

像录像机及照相机这样的机器可以留下记录，却无法记录自己亲身体会到的那种感觉。这和过分专注于做笔记，而看不到会议的整体情况是一样的。说到底，做笔记做到后来重读时能回忆起大概情况的程度就足够了。

过分地顾及细节而忘记从整体角度出发是年轻人常见的一个问题，这在制定目标时也是值得引以为戒的。所以，请从整体出发设定你的目标吧。

目标设定要具体

除了那些刚进公司就抱有明确目标，高喊着"我无论如何都要这么做"的人之外，我想，大多数人都应该是通过工作，才慢慢确立起自己的目标的吧。只有当你熟悉这份工作的时候，你才能明白自己真正想要做的事情是什么。

这样的你，有没有因"明明设立了很远大的目标却总是无法实现"而痛苦呢？这是因为目标设立得过于宽泛，不知该如何朝着实现目标去努力导致的，所以请一定记住设定的目标需要具体些。

比如说，我们可以给目标设定一个期限。比如，"十年后买一栋独立住宅"，这就是一个不错的决定。只是在这里，不应该设定"十年后"，而应更具体一些。比如："35 岁时，在东京买一栋带三间起居室的独立住宅"。

这样，你才会明确，自己现在必须做什么，并有一个先后顺序。做到这些之后，你就能合理地分配时间，并高效地完成工作。

成长迅速的人，他们的目标都是具体、明确的。然而，那些成长缓慢的人，尽管有着这样那样的目标，可是那些目标都过于含糊，不够具体；又或者即使设定了目标，却没有限定实现期限。这样，就不可能有持续的动力。

关键是要给目标设定一个期限，并时常提醒自己。设定了目标后，还要进行定期检查。

不妨给自己做一个年表，当设定的目标进展过慢时，就能够分析出原因。这样就只需要考虑该怎样弥补推迟的部分。

具体的目标才更有可能实现，有可能实现的目标才更具有实践性。

设定一个自己随时可以看到的目标

为了便于实现你的目标，给大家一个小小的建议——在看得见的地方贴上自己的目标。

"明年考试一定要过！""到夏天为止要减掉五公斤！"大家都有这种给自己树立目标的经验吧。人们有各种各样激励自己的方法，其中，比较正统的方法就是：把目标写到纸上，然后贴在自己看得见的地方。

的确，每次看到成文的目标时，就会意识到目标的存在。但是，从文字上去想象已经达成目标的自己却很难。因为每个人从文字里得到的启示都是不同的，因此，为了让目标更加具体化，就要试着把照片也贴上去。

比如说你想减肥的话，就把自己认为理想的女性的照片贴上去。比起文字，能更直接地激励自己。当然，也并不只限于照片。我从二十年前开始，就在自己家里和公司的社长室里并排贴着世界地图和日本地图。这里包含着总有一天我会把我们公司的业务扩展到世界各地的愿望。

前几天去友人家拜访时，看到他的起居室也贴着世界地图和日本地图。后来才知道那是听了我的话后第二天就立即贴上去的，只要看着它，心中就会想到"老为琐事发愁就开始不了大事业"，也就不能成功了，所以一直都是干劲足足的。

我现在在国内外都担任客座教授，在中国学生里面有很多人把世界地图贴在从床上就可以看到的地方，并激励自己"总有一天要打入世界中去"。

把目标贴在从床上就可以看到的地方，早晚都能清楚地映入眼帘。

把目标尽可能以具体的形式贴在自己经常能看到的地方，用如此简单的方法就能鼓舞干劲，这不是很好吗？大家从明天开始就试试吧。

第五章

人格魅力

积极的心态

- 坦率——学会感动
- 真诚——表达感谢与称赞
- 享受——游戏于工作间
- 谦虚——逆境中成长
- 乐观——完美蜕变
- 积极——不要总是抱怨

良好的交流沟通

- 以关怀、积极的姿态与人交流
- 提高表达能力，无障碍交流
- 提高倾听能力

正确的商务礼仪

- 注意礼仪，给人留下良好印象
- 收发电子邮件的礼仪
- 交换名片的礼仪

以前，某电视台 S 先生表示希望对 GMC 人才的工作进行采访，所以我利用周末的时间去了趟中国。采访被安排在向企业提交提案时进行。由进公司两个月的 A 君（22 岁）和进公司第二年的 B 君（23 岁）向企业进行报告。这个项目的主要成员 A 君和 B 君，以及负责整体把握的 C 君都是 GMC 的毕业生。

提案是他们在把握了问题本质的基础上考虑出来的。对于这个提案，对方企业的总裁流露出难以掩饰的吃惊之情："刚进公司的年轻人就能抓住本质，如此多角度地思考事情，并能提出可行的解决方案，真是太厉害了！"

采访结束不久，S 先生向我提了个请求："希望再见一下 C 君。他虽然年轻，但人品很不错，并且说的事情都非常准确……我还是第一次见到如此优秀的人。我一定得再见他一次跟他聊聊。"

看到年仅 26 岁的 C 君成长为一位很有吸引力、有魅力的人才，我感到十分欣慰。是他基于人的基本经历并结合切身经历而做的发言吸引了初次见面的 S 先生吧！那对于别人，自己是不是一个"让别人想再见一面的人"呢？

能够让别人想要再见一面的人就是有人格魅力的人，反之则不是。

这就是我曾经和别人讨论过"人格魅力差别"的话题。我认为这种差别将对工资甚至个人将来的发展带来很大的影响。现在是一个等级差别很大的社会，有魅力的人聚在一起，没有魅力的人聚在一起。那么你是不是一个有魅力的人呢？

我认识的 E 君就职于某中小型公司，是个很厉害的销售员。某日 E 君被邀请在朋友的婚礼上做演讲，当天他采取了采访新郎的形式，中间还穿插了即兴表演，现场非常有趣，气氛让人感动。有时候真的不知道机会从哪里来。恰巧在那天的婚礼上，某著名公司的高层也在场。在那个场合，那个高层认识了 E 君，以此为缘分，向 E 君抛出了橄榄枝。过了几天 E 君就接受了对方提出的优越条件，换了工作。那公司的高层应该是从 E 君的讲演中看到了 E 君的智慧和人格魅力。

这就是人格魅力的作用。

对于某一些人，见过之后不可思议地还想再见一次。相反，也有再也不想见的人，当然，有可能生来就不投缘。但是大致上可以说，第一印象就决定了这个人在你心目中的形象。顺便说一下，让我产生想再见一次的念头的人，有四个条件：

1. 拥有有价值的信息的人。

2. 谈话中饱含着智慧和能给予人启发的人。

3. 能给予别人机会的人。

4. 有灵气的人（能给周围人带来干劲的人）。

我觉得一个人若具备了这四个条件，即使时间很紧，别人也想挤点时间再见一次。不仅仅是商务场合，我们会在各种各样的场合和各种各样的人见面。换个角度，也就是说别人对自己的评价就是一个很好的衡量标准。

以前，某位社长跟我商量说过："想知道别人是怎样客观地看待自己的，要怎样做才好呢？"社长也有孤独的一面，特别是对那些一辈子都在为建立并发展自己公司的个体经营者来说，时不时就会疑神疑鬼，"自己说的话、做的事真的是对的吗？"对此，我建议他们找机会跟学生交流。

我跟世界各国的学生都交流过。特别是做讲座时，学生们总是把"讲话有趣与否"或"有没有个人魅力"等作为评价的重点。如果是有吸引力的讲座他们就会认真地听，反之就会昏昏欲睡或不一会儿就开始聊起天来。说起来这是蛮残酷的，但某种意义上也可以说是对演讲者的客观评价。

但在公司的话，就不是这样子了。社长讲话时，哪有不听的部下呢！因为始终有社长和部下这上下级关系的存在，所以并不能客观地反映其评价。只要挂着"社长"这一头衔，无论你说什么，部下都会听从。

当然也有一类人认为不用管别人的评价，实际上他们都是自私独断的。

要关注别人对自己的评价，那是你是否有魅力的衡量标准，将成为你日后工作的晴雨表，比如说，平时自己不怎么留心的小动作有时可能会让人觉得很傲慢，或者接电话时自己的态度会让人觉得你很蛮横。

当然，并不是说他人的评价全都是正确的，但把别人对自己的评价作为一个参考是很重要的。有时，不妨试着接受局外人的评价和建议，提升自己的人格魅力吧。在这里，我提出以下几个提升人格魅力的方法供你参考。

无论在工作中还是生活中，能够让别人想再见到你，说明你是个有人格魅力的人。那么如何知道自己是不是一个有魅力的人呢？下面我从心态、沟通、礼仪这几个方面跟大家分享一下我的感悟。

积极的心态

正确的心态是成功者最基本的素质之一，积极的心态是正确的心态，坦率、享受工作、丢弃过分的自尊心、坦然面对批评失败、乐观等等都是积极心态的表现。

坦率——学会感动

在这里我首先想强调一点，看待任何事物时，都应时刻怀着一颗坦率的心。大家可能会以为，那些被公认为机灵的人都是用与众不同的视角来看问题的。其实不然，只不过他们中的大部分人能够更加坦率地看问题罢了。

人们在观察事物的时候，有很多障碍会影响你无法坦率地面对事物。有时是常识、有时是误解、有时是感情。正因为有这些障碍物，就容易看到扭曲的东西。但是，有些人却能够不受这些干扰，总是用坦率的心态来面对事物。其实他们仅仅是选择了正确地对待事物，却被公认为观察力敏锐的人。

所以，在看待事物时，希望大家能注意一下自己是否坦率、是否受到上述那些障碍的干扰。

与人交往也是一样，要时刻保持一颗坦率的心，坦率地去看、坦率地去表达，这能让你获得完全不一样的视角和感受。

21 世纪最早的一场大型相扑比赛——2001 年的"初场所"，是贵乃花和武藏丸两位横纲级相扑选手（冠军大力士）的决赛。在最后阶段的首场比赛中，武藏丸打败贵乃花，闯进决赛。在首场中因贵乃花脚部负重伤，大家预测取得胜利的肯定是武藏丸，但贵乃花仍忍痛参赛，并且在最后决赛中成功地击败了武藏丸，这就好像青春连续剧一样，一波三折。在表彰典礼上，小泉首相站在"土表"上颁发内阁总理大臣奖时讲的第一句话就是："恭喜贵乃花！我太感动了！"这句话轰动了整个日本社会，在后来的报纸和电视中，经常出现这个画面。而我觉得这作为 21 世纪的开场是非常具有象征意义的。

首相坦率地表达了自己的感动，人们对此产生了共鸣，也非常地感动。在 21 世纪初，人们似乎找回了最重要的东西，有一种被按了重启开关一样的感觉。

这种因为坦率而得到的感动显得如此珍贵。

最近，对新职员作了一个调查。调查结果表明，在"你希望的工作环境是怎样的？"这个问题的答案中，我记得排在第一位的是"提高自己的能力，并有人情味的环境。"这个答案是什么意思呢？

要想提高能力或营造有人情味的环境，肯定需要互相帮助和互相欣赏的人，然后与这些人建立强大的信赖关系。也就是说，通过在工作中与别人建立互相关心、共同思考和相互认可的关系，实实在在感觉到自己能力的提高。比如，如果对方给予你的关心、付出的行动不能让你产生共鸣或感动的话，那你就无法响应他所做的事。即使对方是一个很好的同事，如果你不能真诚地感动的话，对方花了好大力气试图与你建立关系也只不过是一厢情愿的事，以致最终无法产生相互信赖感。

从这个意义上说，如果期待在工作中成长，面对同事的关怀，你必须拥有一颗坦率的心，学会感动。正是因为会感动，才能相互关心，为对方着想，彼此关系才能得到深化。小泉首相那种把感动的心情坦率表达出来的做法，非常值得新职员学习。

有一次，因为生意上的需要，我去拜访了山口县长门市（面对日本海的一个不怎么出名的小镇）的 F 公司。在山阳新干线的厚狭站换车，乘上了一单线车，花了一个小时二十分钟才到达（车上只有公公婆婆和高中生）。日本海寒冷的海风毫不留情地迎面扑来，吹得我直打哆嗦。生意谈好后准备回去时，却发现电车没有了，下一班车要等上一个半小时。顿时我心里凉了半截。

F 公司的社长看到了说："难得您来到我们这么偏僻的地方，还给我提供了各种各样的信息，实在让我很感动，也非常感谢您。您是社长，所以想必也很忙，不如我送您到新干线光号停靠的小郡站那里吧。"于是他开车送我，路上花了一个小时十分钟，在车上我们聊了很多。

在大家都很忙的时候，社长还为我开车送行，他的细心和行动深深感动了我，使我在那个寒冷的日本海边与他的相遇变得温暖，感受到这温暖的我很开心。正是因为彼此间都能坦率地因对方为自己做出的事情而感动，才会有这样温暖的举动不是吗？

你可能会觉得，在这个时代说"感动"，像老掉牙的电视剧一样，已经过时了。确实，像一郎或中田那样，不太流露内心感情，一副冷冰冰的样子，却在事业上颇有成就的选手，反而会被大家认为是"酷"、"帅"。

人，会感动是很正常的。所谓有人格魅力的人，就是拥有纯净的心灵、能够坦率表达喜怒哀乐的人。尝试做一个会感动的人吧，以此提高自己的"商品价值"，更愉快地享受公司的生活。更重要的是，一个不会感动的人，他的人生不是很乏味吗？

真诚——表达感谢与称赞

在拥有一颗坦率的心的前提下，与人交往的过程中坦率表达感动的方式就是直接地表达你的感谢之情。

帮助他人做些什么，从他人那里得到些帮助的时候，说上一声"谢谢"，大家的心情都会好。

当我给 A 君一些帮助的时候，他一定会说一声"谢谢"。一般的人都会说上这么一声，不过也就仅此而已了。但是 A 君在第二天或者再次见面的时候仍然会表示感谢："昨天真是谢谢您了……"、"上次真是多谢您了……"，有时候也会用电子邮件或者信件表示感谢。

这让我想起了以前给 M 公司送礼物时候的事情。收到我的礼物后 M 公司没有任何反应，与 M 公司的人见面时对方也没说一句谢谢。似乎由于平日我们给他们提供实物和信息，他们已经把这些给予当做是理所当然了。

相反地，收到我礼物的 T 公司处理态度却完全不同。将礼物交给接待人员，告诉他："请将这个交给社长和常务。"两个小时后，常务就打来电话，之后不久社长也直接打到我手机表示感谢。反应真的非常迅速。

而看一下业绩，M 公司活力不足，T 公司的发展却势如破竹。这让我不得不怀疑，是否公司上级和员工的姿态也会反映到业绩上？接收方的反应不同，给予方对其的印象也会有所变化。

信息和机会会向有魅力的人聚集。有没有"将被给予当做理所当然"？写信写邮件也好，打电话也好，我都希望能够对提供信息、机会和实物的人通过行动致以感谢之情。无意中的一句话就能互通心意的话，之后的人际关系就会变得融洽。一切始于感谢。

坦率表达感动的另一个很好的方式就是称赞他人。我这里所说的称赞并不是

"讲客套话"，这两者是有本质区别的。

所谓的称赞，换个方式说，就是对对方做出正确的评价，对对方表示认同。尽管只是真实地表达自己的心情，却能使对方感到高兴。例如，因营业上的需要去客户家里访问，客户家的庭院打扫得很干净。这时，自然地说一句："庭院好干净啊，感觉神清气爽的。"这样的一句话，往往是建立人际关系的第一步！

人往往没有他人了解自己。因此，不经意间被别人赞扬了会倍感高兴。

有位女性，因自己戴着眼镜而感到自卑。但是，碰巧有一次一位著名的电影女明星和她戴了同一款眼镜。朋友发现后对她说："你戴着那眼镜的感觉和那电影明星简直一模一样嘛！"于是，从第二天起，她不仅对眼镜没了排斥心理，而且还认为戴着眼镜是非常时尚的。那是因一些从未被发现过的优点获得赞扬后得到的喜悦！也就是说，赞扬激发了被赞扬者的潜在意识，会发挥出巨大的威力。

关于这一点还有一事想与大家分享。

曾经，公司决定对一年内表现优异的四个人进行表彰，并决定对积极领导和参加了各种项目、取得了超出学生所能做到的成绩的 H 君进行特别奖励。于是，我特意增加了出差日程，去拜访了住在重庆的 H 君的父母，告诉他们："你们的儿子很优秀，我专程坐飞机来就是为了告诉你们这句话。"从武汉到重庆坐飞机要一个半小时。H 君的父母准备了晚饭招待了我。他父亲则把他从小学到高中的一摞奖状拿给我看，给我讲解。第二天，他们带我参观了重庆市，坐船游览了长江。跟他们聊了很多，一直到晚上 10 点。本想跟他们就此别过，但 H 君的父母却一再挽留。因为我的重庆之行，不仅让 H 君的父母更加认同和支持 H 君的工作，自此以后，H 君在工作中较之前也更加努力，更加干劲十足。

此后，我发自内心地感到去重庆没有错，"表扬之旅"带来了让我意想不到的成果。

人有时候就是如此，会因为一句赞扬而改变工作心态。虽然如此，在商务活动中，盲目赞扬是无法使人真正信服的，因为赞扬并不是要小聪明。在这里，企图通过赞扬获得回报的小算盘，就会让对方感觉很倒胃口。

总结起来，在人际交往中怀着一颗坦率的心看待事物，坦率地表达自己的感动，坦率地用微笑和让人感到舒服的话问候以及赞扬别人的优点，这三点是非常重要的，这是成为有魅力的人的第一步！

享受——游戏于工作间

最近，我越来越觉得"工作就是最好的游戏"。也许听到这个说法，可能很多人会反驳说："工作是游戏什么的，太假了。一整天都被困在办公室里，做着公司和领导吩咐的事情，这样的工作怎么可能是游戏嘛"、"你是老板是社长，可以随心所欲做自己喜欢的事情，所以才这么说的"等等。

的确，被公司强迫做的工作肯定是无法成为游戏的，因为游戏不是受人指示后被动去完成的东西。但如果通过自己的思考确立目标、制定计划、挖掘创意，然后去行动的话，哪怕是公司要求你做的工作，也会有属于你的独特的东西，因此能从中获得你自己才能理解的那份乐趣，这就是我说工作是游戏的原因。

说件我因为工作到京都出差时发生的事吧。

因临时有事，我搭乘了出租车，一坐进去就被那没有烟味、打扫得干干净净的车厢给吸引住了。我情不自禁说了声"真是舒服呀！"司机就问我："你觉得这车至今为止跑了多少公里？"我答道："10万公里左右吗？"答案竟然是63万公里。司机又说道："如果是普通的出租车，可以很轻松地两三辆换着开，但在我的人生中，和这车一起度过的时间可是比待在家里的时间还要长。如果不好好照顾它的话会受到惩罚的。"我无意间看到，在仪表盘下面的一个小地方里放着好几条叠好的抹布。司机一共有六条抹布，按照"擦车身外部用的"、"擦轮胎用的"、"擦车窗用的"等分类使用。"无论何时我都想让乘客坐得舒服，有一种专业意识也是必需的。"司机这么说道。虽然交谈不到15分钟，内容却丰富多彩，从阿富汗的当前局势到京都人的品性。因为涉及各种各样的话题，谈话就没有中断过。"我在这车里，从乘客那里听到学到了很多东西，就好像一个边听边学的大学生，我深爱着我的工作。"那位司机说完便笑了。我看着洋溢出职业气息的他，不禁被感动了。

他是如此爱惜自己的车子，不论何时都努力做到最好。正因为对自己的工作充满了自豪感并享受自己的工作过程，才能做到这一点。为自己的工作感到自豪的人，都是充满活力的。把自己作为专业人士的人是散发着光芒的。请你也抱有这么一种专业人士的自觉，去享受工作吧。

无论谁都希望"快快乐乐地活着"。事实上，对大多数人来说，人生的大部分时间都在工作。可见，快乐的人生，离不开快乐的工作。与讨厌工作的人相比，当然是快乐工作的人能更好地工作。这样一来，用怎样的心态面对你的工作就显得非常重要了。在同时做同样的工作的情况下，快乐地工作可以减少疲劳。如果学会享受工作，好处多多。

我们在电视里欣赏过很多体育比赛，运动的乐趣之一就在于同对手一决雌雄。胜负虽然取决于技术和体力，但实际上运动员的心态也起了很大的作用。一到了决胜负的场合，彼此之间的策略运用就成了问题的关键。在马拉松比赛的最后5公里，是做先头部队里的领头羊呢，还是一直紧追不舍直到进入跑道呢？在高尔夫球淘汰赛的最后几轮，积分处于首位的选手往往难以承受巨大的压力。位居后面的选手为了给对手施加压力，有时会采取大胆的策略。如果没有一个良好的心态，在接下来的比赛中，你会发现形势突然逆转，结果让人大跌眼镜。无论什么比赛，拥有一个良好的心态对胜负的影响都是非常大的。

工作也是一样。中国著名的思想家孔子曾留下这样一句千古名言："知之者不如好之者，好之者不如乐之者。"意思是："在工作上，和只是应付的人相比，那当然是喜欢工作的人做得好；而跟只是喜欢工作的人相比，当然是享受工作的人做得更好。"

　　总之，享受工作的人是不可战胜的人。

　　这道出了人的本质。

　　在过去的日本社会中，不仅仅是工作，在日常生活的所有方面，我都深刻地体会到，这个国家缺少"享受"的价值观。日本仍能发展到现在，那是因为处于成长的阶段。虽然工作痛苦、不快乐，但是因为"工资涨了"，"生活富裕了"，所以还是选择咬牙坚持。这就像课后体育训练一样，虽然很苦，但想到"能在大赛上取得胜利"，所以仍然选择坚持。为了实现自己成长的目标而努力坚持，就像体育运动一样。这些选择，正体现着快乐微笑为"恶"、流汗皱眉为"善"的价值观。

　　但是现在，成长阶段已经结束了，以后是成熟的阶段。无论你如何努力，也不能确保辛勤劳动必定可以加薪，说不定公司会破产，生活会一直困苦下去。现在的日本就处在这样的社会背景下。所以那种"虽然痛苦、不快乐，但工资却涨了"的价值观，应该转变为"工资虽不涨，但工作仍快乐充实"的价值观了。

　　"快乐"不是物质丰裕的体会，而是精神充实的感受。如果大多数人能怀着一颗享受工作的心，并从中感觉到自己在成长的话，我想那时的日本就可以说是一个真正富裕的国家了。

　　拥有一颗能够热爱工作、享受工作的心会让你自然而然地对工作抱有充满专业精神的自豪感。

　　这是一次我去理发店时发生的事。

　　我进到理发店，对理发师说："夏天比较热，请把我的头发剪短一些。"

　　大概一个小时候，都剪完了。这时候，旁边的店长（女性）却训斥理发师："杉山先生的头发剪得太短了，你是怎么搞的……杉山先生的头发应该留得稍微长一些……"听到老板的训斥我很吃惊，因为是我让理发师剪短些的，所以觉得剪成这样无所谓，于是我就对老板说："是我让他剪这么短的……"但是店长仍然教训理发师说："作为一个专业理发师，必须考虑每个人的脸型、身份来剪头发……"

这家理发店一直非常重视我的感受，我咳嗽时会立刻给我拿一些糖果，照顾得非常周到。店长也很注意收集信息，经常对我说："前些天报纸上又报道了呢……电视上也报道了呢……"这家店离我家有点远，开车需要 20 分钟，但是我经常去那里，因为可以放松自己。

这件事让我学到了专业人士的严格要求。

如今，不能只依靠"顾客的要求"、"对方的愿望"，而应该以专业眼光进行判断，对顾客进行引导，虽然当时可能会让顾客觉得不太舒服。具有更深、更广的指示和决断力，比客户想得更深、更长远，这就是专业人士。那天我明白了这点。

也许有人会说，在现有的工作中找到乐趣并享受它决非易事。谁都不可能一开始就喜欢什么或擅长什么。一开始不喜欢做的工作，要努力去做，从中找到哪怕一点点的乐趣，然后以此为契机，在能力上逐步超过别人；反过来找到更多的乐趣，又有更强的能力，这样能感觉到自己的价值所在，并引以为豪，最后乐此不疲。这样，情况就会慢慢好转了。

具体来说，最开始做的时候，可以从细小的事情着手。做这些事情，不需要你付出过多的精力，只要你留意四周、发现问题、改变意识，然后用自己的头脑思考，以略加不同的行动去吸引他人。

如此一来，你建立了良好的人脉关系、工作的机会随之增加，工作也会因此变得愉快。与此同时，你也会被公认为是能干的人，因此自然就会变得轻松，思维也会灵活起来，工作效率也必将得到提高。当真切地感受到"自己成长了"之后就会产生精神上的满足感，人生也会因此更加快乐、丰富多彩。若能在这样的"良性循环"中工作和生活的话，工作就会不断地向好的方向发展，我把这样的状态称为"游戏于工作中"。

你们有没有从现有的工作中获得享受呢？如果能回答"是"，那真是太棒了，希望以后也能坚持这样工作下去，但是这样的人肯定只是极少数。希望那些"工作不快乐"的人能从本章中获得一点点启发，从而发现工作中的乐趣、享受工作、"游戏于工作中"。

要想赢得比赛，事先就要读懂对方心理，击中对方弱点，这才是取胜之道。运动是这样，围棋象棋之类的游戏也是这样，要先人一步读懂对方的意图，计算好了以后再落子。这种"读懂"往往伴随着乐趣，是决定胜负的关键，工作也是一样。

一个享受工作、"游戏于工作中"的人，首先可以在工作中察觉到别人未察觉的东西，从那里寻找机会，在失败和成功的不断交替中开展工作，留下业绩，建立人脉。当他面临来自公司同事、领导、客户等各种各样的"压力"时，他会选择在经历多次的心理战后，展开读懂对方意图的"拉锯战"。觉得现在的工作不快乐的人不妨转换一下看法，享受一下这种心理战如何？

读懂对方的意图，揣摩对方的"出牌"。在看了他的出牌后，再思考新的对策，用这样的眼光来审视自己的工作环境、工作内容和人际关系的话，你就会发现公司的这个"游戏"引人入胜。

随着工作的不断深入，揣摩到的东西必然也会越来越准确。不知不觉中你就会发现自己去公司上班的步伐越来越轻快了，工作也变得像游戏和运动一样非常快乐了。

谦虚——逆境中成长

有这样一类新职员：名牌大学出身，在校期间成绩优异，而且曾在各种社团、俱乐部担任负责人，人们往往视他们为"精英"。这种类型的人，自然具有一定的实力，所以分配给他们的工作大都能够出色地完成。但不可思议的是，这种人往往很难获得很大的进步、取得很骄人的业绩。明明有能力，为什么却难以获得飞跃呢？原因就在于，他们自认为很优秀，所以无法以坦然的心态听取他人的意见或者去请教别人。过强的自尊心在无形中便形成了一种障碍。

在面对批评时，他们往往也会因为自尊心作祟，选择像小孩一样绷着脸闹情绪，所以无论到何时也不会成长。可惜，无论谁都会在工作中出现失误，并因此给上司和同事带来麻烦。这时候能否坦然地接受批评产生的结果会截然不同，因为实际上批评中隐藏着左右成长的主要原因。能够坦然接受批评的人，往往也能坦率地面对问题，这种人在接受批评后一般都会说"谢谢"。这是一种积极的工作态度，也是建立良好人际关系的开始。与此同时，上司自然也就不会那么生气了。其实人是不怎么愿意去批评别人的，因为这既要花费精力，又会影响和谐的人际关系。所以，没有上司会说："我最喜欢批评部下了。"但是，无法接受批评的人常常不能理解批评的本质，就会胡思乱想："为什么偏偏批评我！""这简直就是欺负人嘛！"因此在挨批时，虽然用"是，是"、"不好意思"等敷衍着，但要么心不在焉，要么一副毫无反省的神态。如此一来，正在训话的上司，就会连"朽木不可雕也"这样的话也懒得再说就终止训话。这就意味着上司认为这种人已经无药可救了，"说什么也没用了！"因此是绝对不会对这种人委以重任的。

不否认上述这类人是有一定能力的人，他们领悟力强，分配的工作往往完成得也很出色，因而很容易就会得到别人仰视的目光。然而，他们往往刚愎自用，孤芳自赏，不能以平和的心态去待人接物，以致无法建立和谐的人际关系。相反，没有过于强烈自尊心的人，有不懂的地方就会以平和的心态请教别人，自然也不会被人讨厌。

这虽然不是龟兔赛跑的故事，但最后获胜的终是不断努力的一方。踏踏实实提升自己的人，往往都怀有一种积极向上、想要学到更多东西的心态，正是这种态度促进了他们的成长。如果你把自尊心视为人生头等大事，请你意识到，过强的自尊心会阻碍你的成长。

面对批评如此，面对失败也是一样。在日本，下属犯了错，上司一般会把下属单独叫到办公室说："这次的事情我会保密的！"日本人有这种习惯，因为在日本人内心残留着"失败是很丢脸的"这样一种强烈的意识。从很久以前开始，日本社会就出现类似这样只告知当事人实情、内部处理事情的现象。

那些自尊心过强的人往往很害怕让别人知道自己的失败，希望能私下处理失败的烂摊子。但是，很多情况下，当一个人陷入失败的泥潭当中时，越是遮掩就越难以自拔。不仅处理不了问题，还会使小失败演变为大问题，进而造成无法弥补的损失。也就是说，一个人的小失败极有可能导致大失败！

我认为，即使失败了，也应该不加隐瞒地告诉周围的人，这并不是什么丢脸的事。因为不管是谁，在工作中肯定都会有遭遇挫折、失败的时候。人可能会因失败而被斥责，但同时也能在教训中获得成长。公开失败，在公司内与同事一起分享经验、分析失败原因，"为什么会变成这样"，"为什么不能防止"之类的问题自然也就迎刃而解了。这样的话，即使行动方向错了，也能及时发现并加以改正。如此说来，个人的失败与整个公司的问题改善是息息相关的。失败不仅能丰富一个人的经历，有时候还能让人萌发新的点子。

如果失败了，请不要因为自尊而选择刻意隐瞒，请大胆地讲出来！

你可能会说，随着年龄的增长，抛弃自尊心并非易事。的确如此，要立即舍弃自尊心是不可能的。请你把自己放在空有自尊心却无真才实学的位置上，设想一下五年后、十年后的自己会变成什么样。如果现在你还不试图做一些改变的话，那或许将来的你真的就会是那样。俗话说"以人为镜，可以明得失"，应该记住，过强的自尊心不起任何作用，试着坦率地接受别人的意见、批评吧。

乐观——完美蜕变

在这世上，有因平日的口头禅而改变了人生命运的例子。

失落的时候，一部分人不知不觉就会说出："反正让我来做这件事本来就很勉强，根本不可能做到的！"这样的丧气话，但也有人即使低落到谷底也依然会满怀干劲地说："我不会输的。绝不会！怎么可能输！"实际上这些口头禅都是无意识中说出来的，但往往反映的却是一个人心中最真实的想法。

环顾四周，你会发现那些总是发牢骚说"工作太无聊了"的人，都不曾很好地把握过机会。相反，经常说"工作太有趣了"的人，他的身边总是充满机遇。

Glico 公司的创始人江崎利一先生把"2×2＝5"作为口头禅。其意思是如果不打破常识，不去做别人没做过的事，就不可能得到成功，正是这句话孕育出了点心里附送赠品的点子。

在昭和初期经济不景气时，很多食堂门口都张贴着"不接受只点米饭的订单"的告示，但在这逆境里，阪急百货创始人小林一三先生却把"一时的吃亏换来日后的成功"作为口头禅，抱着亏损的心理，接待只点米饭的顾客。正因为他的这一做法，经济状况好转后人们仍然乐此不疲地光顾阪急百货。该店因此一跃成为了大阪首屈一指的百货店。

我想这两个人应该都无数次地重复过自己那充满正面力量的口头禅，以此来激励自己，引导自己走向成功。我的口头禅是："危机即机遇"，当你身处绝境、走投无路的时候，在那绝境里肯定隐藏着某种机遇，我经常就是这样来激励自己的。充满正面力量的口头禅，有一股不可思议的力量引导着我们的精神，并让我们走向成功。

口头禅在某种程度上反映了一个人的心态，所以不要小看了口头禅，请把积极、正面的想法用语言表达出来。如果五年、十年一直说着同样的话，那么你的梦想肯定会实现。

再举一个正面精神力量作用的例子吧。

这是我们公司建造八角形住宅时的事情。建造八角形住宅在理论上是没问题的，但是因为没有先例，便迟迟得不到认可。因此我跑了好几趟建设局向他们讲述其安全性，即便如此，依然得不到承认。于是职员们开始不安起来，"真的能实现吗？"这样的不安气氛笼罩着公司。面对他们的不安，我明确地表示："绝对能顺利进展下去的，无论发生什么事情我都不会放弃！"继续往建设局跑，终于在第二十次的时候得到了建设局的认可。

刚开始工作时，难免会有像这样感觉"看不到将来"的时候，"继续这样下去能顺利发展吗？""这个方法真的是对的吗？"这样的不安也会如影随形。但是，未来的答案又有谁知道呢。因此，不安的话就大声地喊出来："没问题的，一定能顺利发展下去的！"

在这世上没有所谓的绝对正确的策划，所谓成功也只是结果性的。感到迷惑的时候应该试着坚信自己的意见，人们往往也会被你的那股韧劲儿吸引。无论宣传做得多好，不能踏进比赛场地的话，便无法正式开始。要让别人能说出"既然你都说到这个份上了，就做做看吧！"是需要热情的。有了这种热情，不仅仅是自己，周围人的干劲也会高涨起来。

这样大声地断言，从精神上激励自己，即使是失败了也不是什么坏事。比起什么都不做的人，这样的人受到的评价肯定会更高。虽然他们暂时不知道正确与否，但能大声断言："这是正确的！"比起一味考虑后果、畏畏缩缩的人，这样的人更容易得到他人的拥戴。

也许短时间内保持这种状态并不是难事，但常见的现象是："斗志满满地决定要怎样怎样，后来没坚持几天，那股冲劲儿就不知道哪里去了。"如何能把积极的心态长久地保持下去是非常重要的。

你应该知道，正如肉和鱼一样，动力也是有保鲜期的。请你想象一下向经理提交出差发票的情形。觉得报销发票是件简单的事，什么时候都能做，就容易往后拖。但事实上，真正去办的时候，你会发现这是很麻烦的事情。所以，这种"什么时候都能做"的想法是最危险的。"什么时候都能做"反过来说，就是"什么时候做都可以"。于是，行动就推迟了。以致等到要去报销的时候，发现重要的发票遗失了，当时的活动也不记得了，就会变得惊慌起来。

这是因为动力是有保鲜期的。过了保鲜期再去行动，就不可能办好了。因此，我认为在日常生活中，应该今日事今日毕，就算拖也只能拖一天。当然，因工作内容不同保鲜期也会有所不同。如果有了"今日事今日毕"的心态就可以尽量在保鲜期内完成工作了。如果总抱有"离上交结果还有一周呢，没关系"，或者"干完这个再干那个"的想法，动力就会大大降低。

在时间上，任何人都是平等的，一天 24 小时，没有谁能拥有 26 个小时。所以，不要总是想着"什么时候都能做"，一定要让自己处在一种绝不拖延、现在就行动的状态中，做到今日事今日毕。最好是给自己设定底线，这是保持动力新鲜感的唯一办法。

最后，我想讲讲关于主动性的问题，它也是衡量一个人心态的重要指标。学生和社会人的差别在于，前者是"被动受教"，而后者是"主动学习"。如果察觉不到学生和社会人之间想法的差异，机会自然就不会降临。

在学校或私塾里被动受教，只要吸收并牢记了老师教授的内容，就会被大家公认为优等生。但一旦毕业后进入社会，就没有人会再来一一教你了，所以一定要尽早完成"学生"和"社会人"的角色转换。否则，在工作中遇到挫折时，就会垂头丧气地说："没人教过我，我不会也没办法啊。"真的没办法吗？不是那回事。如果是学生碰到问题，可能"没办法"也就算了，可是步入社会、进入职场的人，说没办法就是不称职了。

在社会、工作中用到的大部分知识和信息几乎都不是"受教的内容"，而是要自己"主动学习"得到的。一个被大家公认为会办事的人，就算别人不教他，他也是"会"的。因为他知道，一味被动接受教育的话，是不能取得成功的。这个"会"与"不会"的差别究竟来自哪里呢？

实际上，"会"的人，即使别人不教他，他也会主动地去"学习"掌握，而"不会"的人，却一直坐等受教，这就是差别。也就是说，这种时候是被动还是主动，体现了一个人心态的差异。在社会上，会工作的人几乎都是拥有一个良好的心态且积极主动的人。亡羊补牢，为时不晚。请抛弃"什么都要别人教"的想法，现在开始就要有主动"自己去学习"的态度。这就是作为真正的社会人的第一步，也是成为有魅力的人的重要一步。

积极——不要总是抱怨

当今社会的年轻人越来越爱抱怨，比如工作太辛苦、加班次数太多、领导太严格等等，他们甚至对每天背去上班的包很重这样微小的事情都要抱怨一番。在这里我想说的是，换一种积极的态度去思考这些问题吧，或许能发现其背后的好处和意义也不一定。

大概从 20 年前开始，我每天都提着一个大包，重量在 15 公斤以上，里面放着正在进行中的项目资料，以及有关人才和中国商务的资料。我把它们用不同颜色的文件夹装着，以便随时都能快速找出所需要的资料。

每次在地铁或者路上碰到朋友的时候，他们挖苦似的问我："带那么大一个箱子，你是要去海外出差吗？"见客户的时候我总会从这个被称为"魔法盒子"的包里取出相关的资料，展开与对方的交流。

已经快七十岁的我仍然每天带着这么重的包，是受到了一位前辈的影响。

十几年前，我参加过一个 200 人左右规模的会议，会议结束后，举行了盛大的宴会。我们被带到主桌上，大家都非常兴奋地喝着啤酒，和坐在对面的第一次见面的人交换了名片。其中有一个刚刚进入老年的人非常认真地看着我的名片。随意地谈一会儿之后，这个人说道："我希望和你聊聊天，在二次会结束以后，不如我们两个人一起聊一会儿吧。"我心想，他坐在主桌上，应该是一个有着好几个社长头衔的人吧，所以我就毫不犹豫地答应了。

二次会结束以后，10 点半的时候，我到他的房间，他已经在那里等我了。开口就是"出席会议的时候，我就希望能碰上有趣的人"。然后，他立刻从手提包里拿出小册子、资料等等，一边拿一边说："我是做这个行业的。"他充满热情，看了看我的名片，说希望能和我们公司的八角形住宅业务合作。我问道："请问，社长您今年多少岁了？""74 岁。"当时我 58 岁。

因为不知道什么时候会遇上有魅力的人，因此总是在手提包中带着很多资料，虽然很重很累，但为了等待机会、创造机会，仍然积极地日复一日地这么做着。这样的做法使我十分佩服。

在这个传输数据已经不再需要纸笔的时代，有人会问："为什么走到哪里都要带这么大的一个包呢？"我是这样考虑的，那是因为在会面时，我可以亲手把资料交给对方。电脑作为数据库，确实非常便利。但是在重要的场合，这个工具操作起来会花时间，说话的流畅性也会因此而受到影响。

在职场上突然中止说话就等于暂时停止工作的进展，简言之，就是失去机会。而机会是不能积累的，也不会等人。如果觉得那是个机会，就应该全力以赴。因此，为了让对方接受，平时就应该准备最新的数据和资料。

为了应对谈话以任意形式展开，我会把打印出来的资料加以分类和整理，以便能随时利用。这样一来，说话中途就不会出现被打断的情况。而且因打印出来的缘故，输出的资料就会经常在头脑中显现。这样，就能够掌握整理资料的能力。

我经常观察业务员的提包，觉得在很多情况下，拿着重重的提包到处跑业务的人，他的业绩是好的。相反，提包轻的业务员，他的业绩也"轻"。提重重的包，自己也会变得精神抖擞。

手掌长有水泡的业务员会拿着很多资料，以"还有一家，还要再跑一家"的精神去访问，而提包轻的业务员则想着"资料已经没有了，今天就到这吧"，也就不会有再跑一家的想法了。其实在商界，"还有一家，还要再跑一家"的思想是很重要的。

不管什么事都不要只看到消极的一面，积极地看待问题、解决问题才是最重要的。

良好的交流沟通

整个现代社会都充满了压力，出现了人事制度的变更、下岗、有史以来最高失业率等等问题。压力一旦在社会上蔓延开来，人际关系当然就不会很顺畅，企业的经营也会面临严峻的挑战，在这样的环境下，即使发生小小的麻烦，也会"牵一发而动全身"，这决不是危言耸听。这时，如果彼此间能相互"体贴"的话，其危害性就会被控制在最小的范围内。心有灵犀一点通，可以变成一股强大的力量挽救企业的生命。

现在可以称为"IT革命的时代"。特别是通讯基础设施的完善，改变了商务的现状，出现了像SOHO一样能够摆脱场所限制自由工作的人，也出现了像网络购物一样不需要去商店就可以购买东西的方式。电子邮件、手机、网络等等，这些在十几年前很难想象的东西，已经在生活中被广泛使用。但是我认为，在这急剧的变化中，"不变的原则"是"人与人相互见面，进行心灵沟通"。

在老龄化问题日益严重的今天，高龄者之间好像出现了通过电脑进行交流的流行趋势。这样一来，既体会到了虚拟世界带来的安心感，也感受到了不管身处何地都可进行交流的便利。让人想不到的是时下流行的网上社团，他们不仅提供网络交流的机会，还通过设立诸如"OFF会"这样的社团提供面对面交流的机会。正因为见面认识后，通过电子邮件或者网络进行交往就更加顺畅了。

在享受IT虚拟世界带来的便利时，我们才会更加觉得，人与人直接见面、顾及和理解对方、相互体贴等这些最基本的东西恰恰是最重要的。

那么，你在工作中与初次见面的人，能否进行顺利的交流呢？

你有迅速了解对方并让对方了解你的信心吗？

你在公司里的人际关系又怎么样呢？

只要你是一个拥有人格魅力的人，以上提到的所有问题肯定都会迎刃而解。能否构筑良好的人际关系，很大程度上取决于是否能够与别人进行良好的交流和沟通。

在这里我先问大家一个问题。大家在遇到困难的时候，一般是怎么解决的呢？

有独自一个人绞尽脑汁考虑问题的人，也有通过跟朋友或熟人商谈来解决问题的人。深思熟虑的习惯，在人的成长过程中扮演着重要的角色。但是，如果要求在规定的时间内必须给出结论，而一个人不管怎么想都无法得出结论的话，我建议还是跟别人商量一下比较好。正如谚语所说"三个臭皮匠，顶个诸葛亮"，在经过商谈听了别人的想法之后，发现自己哪方面考虑不足，也许就可以找到要点了。这种情况下，我建议尽量详细地谈论具体内容会比较妥当。因为即使对方不能解决问题，也有可能给你介绍能帮助你解决问题的人。但是，如果讨论的内容不具体，就无法清楚地告诉对方你到底想要什么，所以在讨论问题时，请具体地告诉对方自己哪里遇到了困难。

问题越复杂，就必须越早地进行讨论。因为有的问题解决起来需要花费一段时间。面对一些问题，不管是多么有智慧的人，如果不花时间也是没法解决的。经常听到有人发出这样的感叹："要是早点跟你商量该有多好啊！"

口头讨论还有一个好处：为了让对方理解自己所遇到的难题，在给别人说明的时候，就必须先在头脑中对这个问题做一番整理。只是一味地想同一个问题，要么会脱离问题论点，要么就抓不住问题的核心部分。请跟别人讨论一下，重新客观地审视那个问题吧！实际上，那才是最重要的。口头讨论不仅能让别人了解自己的情况，也能让自己反复思考所遇到的问题。另外，在自己的潜意识里也会做出"接下来要好好地听别人的意见"的准备。所以，哪怕是再微不足道的提示也会刺激自己的神经，使自己变得敏锐。

与人进行良好的沟通交流不仅可以帮助你顺利解决问题，它还能活跃你的思维，拓展你的人脉，为你的成功奠定良好的基础。怎样才能更好地与人交流沟通呢？

以关怀、积极的姿态与人交流

最近，我经常听到"个性的时代"这个词。给人的感觉是，自从学校开始反省目前"一刀切式"的教育模式以来，"尊重孩子的个性"这个词就频频被滥用。我知道个性的重要性，主张个性当然是可以的。但是要想让别人理解你的个性，在这个社会上顺利生活的话，"顾及周围，与人交流"不可或缺。如果不能顾及周围，与人交流、盲目张扬个性的话，人们会觉得这是以自我为中心，而不是所谓的"有个性"。偏偏还有很多这种以自我为中心的人。

日本社会自古就有"枪打出头鸟"的说法，特别是在公司这种组织里，需要某种程度上与他人保持步调一致。要张扬自己的个性，除非做得特别好，否则很容易遭到孤立，也就是"被枪打中"了。在公司里讨人嫌、被孤立的话，就会丧失机会。当然我不是说不要张扬个性了，我只是觉得，顾及周围、与人交流，让他人充分理解自己是很重要的事情，即使张扬自己的个性，我也希望是在"顾及周围"的基础上。

刚才已经说过，以自我为中心的人实际上特别多，他们并不是在张扬个性。

现在只主张自己的流派、风格而不跟任何人交往的人越来越多。如果真正有实力，也愿意单枪匹马干，那也是可行的；如果没有实力却想单枪匹马干，那只是在减少自己成功的机会和可能性罢了。例如，现在已成为世界英雄的棒球运动员铃木一郎、代表日本的足球运动员中田英寿，在旁人看来，可以称得上是"孤军奋战"的典型。那些觉得这样的选手"好帅"，不考虑自己实力如何，就把自己打扮得像"孤军奋战"的人，是很可悲的。我不否认，他们两位选手算得上是天才。但我认为，光是模仿他们的样子就自以为"很帅"的行为，是无法令人赞同的。

不仅体育选手，还有音乐家、艺术家大都是个性很强、才能出众的人，他们不会在别人面前喋喋不休，但他们的实力足以让自己活得像模像样。最近，有越来越多的人开始模仿这些偶像，不止我一个人有这样感觉吧？

那些没有固定工作、靠打工过日子的自由职业者人数的增多，也许就是受到了上述原因的影响。有很多自由职业者认为，"我想成为音乐家，我要做音乐，所以不想找固定的工作"，但是真正能崭露头角的也就是一小部分人，不，只是一小撮人。先不论他们的才能如何，作为社会人，这样的做法太没有责任感了，他们与那些只顾"自己展翅飞翔而从悬崖上一跃而下"、与那些以自我为中心净给人添乱的人并无区别。

对于那些一意孤行，想单枪匹马干的人，我无话可说。是成是败，都是他们自己的人生，只要不给别人添麻烦，他们随心所欲也无妨。但是，如果没那样的心理准备的话，少了别人的庇护，肯定就做不好事情了。其实，大多数自由职业者都不想做一个被人讨厌的人。所以，在张扬个性时请不要忘记"顾及周围"。

在"顾及周围"的基础上，思考对方需要什么，如果能做到让对方开心就更好了。

在英语里，把聪明的礼物叫"Surprise"，这个"Surprise"，原意是惊喜。无论东西方，给别人惊喜都是一件令人愉快的事情。如果一个人善于制造惊喜，会让人觉得他精明能干，这种人大多一天 24 小时都在考虑如何制造惊喜、使人快乐，怎样让对方露出会心的笑容，这种服务精神难能可贵。

曾经有一个非常有服务精神的经营者，每到岁末都会到处去逗人开心。他会穿着运输工人的服装，突然走进对方的事务所大声说："过年了！"然后放下箱子，一时间别人认不出他是谁。临走时，他摘下帽子，露出笑脸。就是这个亲自挨家挨户上门送年货的人，后来成了全世界知名的时装生产商。聪明的送礼方式应该独具匠心，礼到心也到。

在社会经济不景气的情况下，一个教育业的大型公司依然发展迅速，其老板经常要求职员"把商品当作寄给恋人的情书"来对待，在现代，拥有这样的想法对开展业务至关重要。如果你今后也能这么想的话，工作起来肯定就会越来越快乐。

当然，这不仅仅适用于商家与客户之间的交往，也适用于想要提升人格魅力的人与他人的交往。

在"顾及周围"的基础上要注意时刻保持一份宽容和积极的心态，用一句话概括我想说的，那就是面对新的想法时不是动辄就用"No"去否定，而是尝试着说"Yes，but..."。

我们公司奖励勇于挑战、勇于提出新提案新企划的行为。每个职员都有机会表达自己的想法，提出自己想做的事情。

面对"社长，这件事情我想要这么做"的提案，我永远不会直接回答他说"No"，哪怕那个企划看起来非常不现实。当然，从公司的角度出发，肯定只能认可、接纳那些有成功可能性的企划。所以我都会指出："如果要实行这个企划案，会有这样那样的问题出现，你打算怎么解决呢?"简单来说我还是贯彻"Yes，but..."原则。

一开始就想出完美的方案几乎是不可能的，所以只能让他们回去继续抱头苦思。但如果真的是自己想做的事情，他们就会在思考后完善自己不成熟的想法，补足缺陷，绞尽脑汁地提出第二次、第三次更优秀的企划书。

曾经有一个员工提出"希望作为南富士产业的临时公司职员为公司做出规划、提出建议"。虽然不知道他的计划是什么，带着一丝不安我还是同意他提交企划。后来得知他是想开办一个"仓库式"的餐馆，需要资金投入2 700万日元，按位计价，午饭（便餐，即日语中的ランチ）1 500日元，晚饭（正餐）4 000日元。我给出的基本答复是Ok（yes），但是关于事情的做法要说一下条件

（but）。

1. 关于资金2 700万日元。因为不确定这个计划是否能顺利进行，所以我不准备向银行贷款，打算出100万，然后跟他共同寻找另外26名愿意出资100万的子出资人。这样一来，自己出资的餐馆既可以通过自己招揽客人，同时也可以通过合伙人的人脉来招揽客人。

2. 午餐1 500日元还好，正餐4 000日元却太贵（假定酒的消费在3 000日元以内）。这个计划从消费者方面构思得还不够。

3. 平时考虑以本地客人为中心，周六、周日可以将首都圈范围的30岁上下的女性作为对象，并对营造怎样的气氛等提出建议。我们也可以请一些将来有望成为餐馆客人的人来做宣传者。

在进行了"Yes，but..."总结以后，这个计划很受欢迎。

这充分证明了"Yes，but..."的魅力。

"你提出的策划闪光点究竟在哪里？"在会议上，有时候上司会这样不分青红皂白地否定部下。确实，也许会有完全不中用的策划！但是，好不容易构思出来的策划或提案，却被别人不问情由地否定会是什么感受呢？即使原方案不能直接使用，或许稍微改动一下，那份策划也会变得生动有趣起来。

这个世界上就有那种只会按照"行"和"不行"两种评判标准做事的人。这种人遇到自己不能理解的人或事时，大多从一开始就会选择持否定态度。在不做任何观察和询问的情况下，他们就会判断事情可能会失败，当然也就不敢冒险去尝试。

上了年纪的人看待年轻人的态度就是一个典型的例子。如果一个人一见到年轻人就说："现在的年轻人真是……"就表明这个人已经放弃了思考。"不能理解"、"不喜欢"，一旦采取了这样的拒绝态度，也就等于宣布"我已经不思考"了。自己倒是落得轻松了，但脑子却越来越僵化了。因为放弃了思考，所以接下来不管碰到什么新鲜事物都会觉得"无聊"、"无趣"，进而轻易地选择拒绝。拒绝接受新鲜事物的人，脑子就会陷入不断退化的恶性循环之中。

与此相反，认为什么都有趣的人反而会遇到很多好事。因为觉得有趣，就会很有兴致；有了兴致，就会乐意去调查、去尝试、去思考，掌握的知识自然也会越来越多、越来越深入。对说"有趣"的人，对方也会不断地为其提供很多新的信息。在对新信息进行调查、核实、运用的过程中，不仅丰富了知识，而且还有可能会碰上更有趣的事情。如此一来，不仅锻炼了脑子，还能让周围的人乐意与你交往。

另一方面，当自己的想法被别人接受时，人们往往都会感到很高兴。而且，为了能享受到更多获得肯定评价的喜悦，他们会不遗余力地做到更好。倘若自己的提案被认为毫无价值，我想无论是谁都会立马失去干劲。所以在对待别人的提案时，若是能采取"嗯，还有点儿意思，再努力一下！"这种态度的话，肯定会让人精神振奋。

对别人的想法或计划一味地说"No"的话，就预示着"一切到此结束了"。但是如果你尝试着说"Yes"、尝试着去接受的话，接下来就可以会思考它好在哪里、怎样做会更好，在思考这些问题的过程中，你就会感觉到自己更加机灵了。

激励性的话会成为活力的源泉，如果与扩大知识面联系起来，最初怎么也无法聚焦的东西慢慢也会整理出头绪来。所以，我对于员工提出的"我想这么做！"之类的方案，即使看起来不可能实现，也不会对他们说"No"。而是向他们提问："是的，但是，在做的时候会出现这样的问题，那时候你该怎么解决呢？"

采取"踢开"、"拒绝"这样否定的态度是非常简单的。因为无须任何思考，所以非常轻松，但与此同时大脑也会急速退化。平时，无意之中大家采取的是否就是这样的态度呢？为了提高思考能力，最好首先试着去接受对方的意见，然后用"但是"来进一步整理和修正各个问题。换句话说，也就是与人交流时，要用一颗包容的心，尽量用"值得表扬"、"觉得有趣"这样肯定的态度去认真对待人和事，倘若一味地否定，就很难取得进步。

从现在开始，请不要马上说 "No"，试着说 "Yes"，去接受它吧。

提高表达能力，无障碍交流

表达能力在很大程度上也关系到我们能否顺畅地与人进行交流。

"那时你确实这么说了啊！""怎么会呢？我没有说这样的话！"人们往往围绕着"说了"和"没说"纠缠不清。相信无论是谁，都曾在公司或在家里，遇到过这样的麻烦吧。似乎在不知不觉中，人就会理所当然地认为对方已经明白自己想要表达的中心思想了，但实际上这往往只是自己单方面的确信而已，对方是否真的理解就另当别论了。

为了能顺利地与人交流，使对方理解自己说的话，同时听懂对方说的话并理解其中的含义是基础。也就是说，只有听和说这两方面都有很好的表现，才能顺利地与他人进行交流。姑且不说那些不善于交流的人，一般在同别人谈话或进行演讲时，几乎很少有人能够按照事先在头脑中打好的草稿那样，讲得条理清晰、逻辑严谨。这样一来，语感上的微妙差异就难免会导致理解上的偏差。所以，我建议在说话的时候，请尽量不要用复杂的语句，要善于归纳要点，用自己擅长的方式来表达。

有的人与生俱来就拥有这样的能力，所以如何提高这种能力因人而异。但很遗憾的是，这种能力是无法在短时间内提高的。

世上确实有那种能驾驭自如、巧妙使用语言的人，他们既擅长听也擅长说。不管是不是初次见面，这些人都能很好地抓住对方的心思并顺利地展开话题。如果你身边有这样的人，请你认真观察他们的言行举止。在观察、模仿的过程中，毫无疑问，你能获得很多启发。不知不觉中，你就会发现和那样的人相比你的读书量是多么的匮乏。社会人必须具备的广泛的文化知识是通过书籍来取得的。

学历对人类的生存来说并不是不可或缺的，但教养却是必需的。语言就可以很好地反映出一个人是否有修养。要提高语言驾驭能力，就要广泛阅读书籍、丰富自己的知识。因此，那些经常说"自己不擅长讲话"的人，其实就是在坦白"我没有学习的欲望，所以没有知识"。

当然，学习不仅仅是读书，积极征求他人意见或是深入现场、亲眼观察等都称得上是学习。并且知识越丰富的人，学习欲望就越强，就越想学到更深的知识。因此，公开表示自己说话能力差的人，用极端的说法来讲就是没有学习的欲望，只是想拿好听的话来蒙骗自己而已。

但有一点请大家不要误解，不擅长说话的人和话不多的人是有区别的。有些人看起来话不多，但是一句话就能抓住对方的心。能通过语言吸引对方的人，绝对不是不擅长说话的人。

人有两个耳朵两只眼睛，但是只有一张嘴，这意味着人应该多看、多听、少说不必要的话。因此，没有必要说的话就可以不说。但要切记：言谈中必然能看出一个人的修养，所以如果有意识地去锻炼，表达能力就会不断提高。同时，一定不要不懂装懂，如果有疑问就要试着早点提出来，只有这样才可以尽量避免一些因不确定性而导致的"说了等于没说"这样的麻烦。

关于如何提高说的能力，我在这里给大家两条具体的建议。

第一点就是交流中尽量少用外来语。

人们常常为了显示自己的专业水准，喜欢滥用一些很难的专业术语和单词，与此相似的是，许多商务人士也经常使用外来语（英语）。比如技术革新（innovation）、风险经营（risk management）、敏感的（sensitive）等等。但是，我是不主张用这些词语的。

也许有的人会认为谈话时用上外来语，会让人觉得他们很有知识。当然在公司内另当别论，但是不合时宜的场合连续用外来语的话，就会让对方觉得十分疲劳。请那些经常使用外来语的人首先认识到：人们虽然喜欢使用有难度的语句，却不喜欢听令人费解的话。所以，即使是在公司内部经常使用的词，也是不可能适用于所有场合的。

语言本身就具有这样一个特性：在自己理解的基础上才能正确地将意思传达给对方。因此，虽然直接用那些难的词很简单，但是细细品味，为了将其换成使别人很容易理解的词，是有必要认真理解好其中的含义的。

许多满口外来语的人，事实上并不理解其中的含义，因此，他们很难将这些外来语换成易于被对方理解的词。说的人自己都不是很理解，那么听的人就更不明白其中的含义了。如果因为过多使用外来语而影响了跟对方的交流，自然就会给对方留下不好的印象。

虽说如此，但也并不是说就不能用外来语了。只是除了一些专业性较强的场合以外，请尽量避免使用。如果遇到不得不用外来语的情况，应该细细琢磨，理解其意思后再使用，这将大大减少因使用外来语而造成的交流障碍。

第二点就是在交流中先说出结论。

在与外国人交流过程中，他们都说日语很暧昧。日语中，"私はあなたがすきです！"（我喜欢你）是肯定句（です表示肯定），而"私はあなたがすきではありません！"（我不喜欢你）就变成否定句了（ではありません表示否定）。这就决定了日语存在很难把握的一面，即不听到最后就无法判断是肯定还是否定。与日语不同的是，英语和中文一开始就会表明"No"、"不"的态度，因此只要一句话就能使人明白大概意思。

在日本，直接说"是"或"不"是很失礼的，因为语法和文化背景不同，想突然去改变日语也不是那么容易的事情。所以暧昧应答这样的风气依然存在。但是，在日趋全球化的时代，只用日式交流已经无法满足交流需要了。所以在进行海外商务活动时，有必要具有一开始就明确地表明"是"还是"不"这样的意识。

前几天，有位朋友跟我通了一次电话，说有话想跟我说。但是，见面开始谈，闲聊了很久，真正讲到正题的就只有最后的五分钟。

我平时也很忙，与繁忙的人见面时，必须做好准备并行动。首先就应该先向对方说结论（即自己想怎么做，是怎么想的）。人总是想把自己的想法向对方说明白，尤其是有资料时会说更多的话。

1. 最重要的是，想要说什么？结论放在最前面。

2. 再者就是说清楚得到这个结论的原因和理由（第一，第二，第三……）。

3. 最后，一句话说清楚自己的意见和感想就可以了。

对方很忙，所以必须简明扼要地说重点。在这一点上，报告、策划书等都一样。拖沓的话没有意义，想说什么？为什么而来？想清楚再说。

做到说话"结论优先"，就可以抓住本质，从而可以缩短时间，不会浪费过多的能量。讨论之后再给结论，这样花上几天也无法得出结论，也不会被理睬。先闲聊的话，就没有时间来谈重要的事了。像"恕我直言"、"这次我想说的是……"这样的开头才好。不用说，对方也很忙，也会抓住重点回答。

暧昧的应答，或者谈论正事前刻意地说很多没有意义的话，有时候会让对方产生一种戒备心理。比如，明明是有请求才登门拜访的，却迟迟都不进入正题，对方会怎么想？另外，在进行投诉处理时，如果不提出具体的解决方案，结果只会增加对方的愤怒。如果到最后才说出结论，不仅使听话人感到疑神疑鬼，就连说话人也会不明白自己到底在说什么。

为了避免这种事发生，最好趁早指出话语的最后落脚点。这样就可以在最初阶段消除对方的戒备心，这在销售、请求、投诉处理中都是非常重要的。

如果人们首先被告知结论的话，就不好意思说"我不想再听了，你可以走了"。从"今天好热啊！"开始话题，摆出老套的销售措辞的话，对方就不明白你究竟想要说什么，他只会感到困惑！所以，在谈话的一开始，就告诉对方自己想要什么，这是解除对方心理戒备的要点，也是保证交流顺畅的一个重要因素。

在与人交流的过程中能否找到一个话题来引起别人的兴趣也是非常重要的。就我而言，我经常是从我的名片开始引出话题的。

名片在交流中是一种很重要的工具。在每天的工作中，不可缺少的是名片，名片就是你的脸。特别是初次见面，完全不了解对方时，很多人都会用名片来展开话题。

我用一种折叠式的名片已经 15 年了，这多亏一名职员给我的意见。他提醒我："社长，您的名片太不起眼了，应该做个更引人注目的"。于是，就有了现在这张名片，名片上，写有本公司概要，个人简介，兴趣爱好，以及所著的书名，这张名片就代表了我的身份。因为名片上写得满满的，自然也就引人注目了。因为它的独特性，大多数看到我名片的人，都会对它产生兴趣说："这张名片真特别啊！"然后，我们的谈话就顺着名片自然而然地展开了。

在谈话中，能不能引起对方的兴趣是很重要的。特别是在聚会或晚会等场合，会一次性跟许多人交换名片，所以能否通过名片引起对方的兴趣变得尤其重要。比起那些千篇一律的名片，富有创意的就更能引起对方的兴趣，从而能进行深入的交谈。

演讲和发言等场合也是一样，用合适的话题引起大家的兴趣是关键。

我曾在某地区给当地一些有影响力的人做演讲。当时，一个可以容纳三百多人的会场很快就爆满了，甚至出现了站着听讲座的人。虽然是这般盛况，但会场很嘈杂。那天的演讲主题是"中国商务"。我首先问道："请问有谁知道本周畅销书的书名？"人声嘈杂的会场，因为害怕被叫起来回答问题，大家都低下了头，会场顿时也安静了下来。多亏提出了引起大家注意的话题，使大家在接下来的时间，能够认真地听讲。

像这样，为了引起大家的兴趣，以"啊，这是什么？"为切入点，再引入正题的做法是非常有效的。

开场白是抓住人心的导入部分。如果不能给人以强烈的震撼，大家就不会被你的话吸引。首先要给大家一个强烈的震撼，让大家思考："啊，这是为什么呢？""这个，是什么？"把对方的兴趣引到你这边，然后进入正题，这样就会增加大家对正题的期望值。有人说"开场白决定胜负"，的确，具有冲击效果的开场白能使听众保持倾听的专注度。特别是企划方案之类的，说胜败是"第一段"决定的，也一点都不为过吧。

经常听到学校的老师感叹，说学生听课精力不怎么集中，我觉得这些老师应该是不擅长做"开场白"吧，甚至正题也无法激起学生的兴趣。

而在已经准备好的发言稿上，最好通过自己的观察，把对方的反应记录下来。例如，对方喜欢的部分用红笔圈起来，不喜欢的部分注上叉号等。这样，就会成为今后更好与人交流的参考。

提高倾听能力

在与人交流的过程中，除了提高自己说的水平以外，学会倾听也是很重要的。

我经常和各种各样的人交谈，比如和大学生谈论关于求职活动的事情，和员工、朋友谈论工作生活中的事情。在这些交谈过程中，我发现了一个问题，那就是人们普遍缺乏倾听的能力。

我经常能听到许多人在重复地说着那些听了无数遍的内容，或者重复地回答着自己知道的事情。是因为他们脑海里能容纳的东西太少了吗？还是只能听得进去自己喜欢听的东西呢？或者是因为没有好好地倾听谈话内容或谈论的问题呢？抑或是由于学习不足而导致知识不足，由此不能充分理解谈话的内容导致无法表达的缘故呢？不管因为什么，这样的交谈、对话、交流是不会顺畅愉快的。

在交流的过程中，无时无刻都需要留意对方正在说什么。不仅仅是表面的东西，而是应该努力去了解对方的真意和本质。如果有必要的话，做到暂时舍弃自己的观点，站在对方的角度思考，认真地听取对方的话。

当知道了对方的关注点和讲话的要点以后，就会明白自己该如何去应对。只要把倾听的能力提高到现在的两倍、三倍甚至五倍，这样和对方的交流就能顺利进行，同时自身的洞察力（看到平时看不到的东西，感受到平时感受不到的东西）自然而然就会得到提高。这样，不仅能够减少误会和失误，还能够使自身的魅力得以提高。

与其不停地讲话，倒不如下点工夫提高自己的倾听能力。

我反复强调与人保持良好沟通交流的重要性的意义在于，我认为这是建立良好人脉关系的基础，而良好人脉关系的重要性是不言而喻的。所谓人脉，也就是人与人之间的联系，这在工作中是至关重要的。可以说，工作所需的信息，测试自己能力的机会等一切都来自于人脉。

拥有良好的人脉可以获得很多有意义的信息。作为生意人，想要成功就必须拥有各种有价值的信息。但是，正确有用的信息只能通过亲身体验了解后才能获得。

新闻、电视等媒体所传达的信息并不能完全满足需要，从当事人那里获得的信息才是最准确最有价值的。他们所收集到的信息，都是他们走遍每一条街道、和每一个人对话后切身体会得到的。从他们口中知道的"现在那一片的人们在想什么、需要什么"这样的信息，是最宝贵的财富。

但是要建立和维持这样的人脉关系网络并不是一件简单的事。

为了建立人脉，有的人会不停地出席各种不同行业间的交流会，参加各种可以结交朋友的聚会。这样的做法无可厚非。但实际上，一般而言，越卖力这样做的人，越是无法建立良好的人脉关系。

人脉丰富的人，他们的做法与此恰恰相反。周围的人都感到不可思议，他们究竟是什么时候去建立了那么广的人脉呢？"编织"一个良好人脉关系网络的那根最开始的"线头"又是什么呢？怎么样才能让别人跟你亲近起来呢？

其实答案很简单，那就是"信赖"。我认为，构建良好人际关系的第一步，就是坦率地把真实的自己展现给对方，争取得到对方的信赖。孔子在《论语》中说过："人而无信，不知其可也。"这句话的意思就是："如果一个人连他说出口的事情都不能做到，那么他不可能成为有人格魅力的人"。坦诚地表达自己的想法，一对一地建立良好的人际关系，这种方法在世界任何一个国家都适用。

而构建信赖关系的关键一点我认为就是"遵守约定"。为了构建彼此间的信赖关系，遵守约定是必要条件。我不仅仅遵守与合作伙伴的约定，同时也努力对每一个员工做到如此。说了要做，不管怎么样就一定去做；说了要去，不管发生什么事都一定要去。无论是多么微小的约定，只要说出口了我就一定会遵守。

如此一来就埋下了友情的种子，彼此间会为了保护这段人际关系而不顾一切。这与国籍没有关系，与血缘也没有关系。

我认为打开对方的心扉，想要建立良好的人脉关系网络没有捷径，也不存在投机取巧的方法。一个人一个人地去接触，一点一点地去构建信赖关系，除此之外，没有别的办法。

特别是中国人，他们并不是那么愿意与陌生人亲近，更不用说对陌生人敞开心扉说心里话了。在一开始，总是对陌生人保持一份戒备之心，避免暴露自己的缺点和弱点，只把愿意让你知道的内容说给你听。但是，一旦与你熟络起来后，他们总会耐心听你说完所有的话，帮助你解决问题。中国人其实是很善于社交的，而且很重感情，只要认定你是他朋友那就是一辈子的事情，为此做什么都愿意。

另外，中国人被评价为"很重情义"的民族，一旦与人成为好朋友之后，就会不在意国籍、民族的差异，为了朋友牺牲也在所不惜。他们都有一颗懂得感恩的心，明白"滴水之恩当涌泉相报"的道理。其实这可以说是全世界所有人的普遍特征，无论哪里都适用。所以这一点就能体现出人脉关系的重要性和作用。

关于这一点，通过我们公司在中国事业的开展，我有了深刻的体会。

在中国，接受我提供的奖学金的学生都会定期集合召开"学习会"，不知谁提出了"受到杉山社长如此多的帮助，我们至少也该为他做点力所能及的事情啊"这样的建议，于是他们决定在中国宣传我们公司的招牌——八角形住宅。

于是他们分成几组，有的利用各种方式宣传八角形住宅的优点，有的将我们公司的宣传册翻译成日语送给各大媒体，每个人都竭尽全力地做这件事。

想要建立人脉，除去获得别人的信赖之外，要做的不是参加聚会乱发名片，而是要"让自己更有魅力"。

俗话说："物以类聚，人以群分"，也就是说，拥有同样志向的人会自然地聚集在一起。所谓的人脉，正好解释了这个成语。自己有魅力的话，其他有魅力的人就会自然地聚集过来；自己没魅力的话，有魅力的人是不会聚集过来的。所以，人脉丰富的人，能把握住哪怕只有一次的见面机会，找到与自己意气相投、合得来的人，向他展示自己的魅力，最终获得好的结果。正因为自己有魅力，同样有魅力的人就会自然地聚集在一起，并相互吸引。

不能创造人脉的人可能同很多人见过面，但都没有更深的接触。也就是说，他们在第一次与别人见面的时候，找不到合得来的人，也不能展现自己的魅力，或者说他们根本就不具备可以展现的魅力。

都说物以类聚，如果自己没魅力，自然也只能跟没魅力的人交往，无法建立一个良好的人脉关系了。

怎么做能让自己魅力四射呢？最快捷有效的办法就是做一个"有心人"。如果你变得用心了，你的机会就会增多。现在，首先讲讲"有心人"为什么机会多这个话题。

如果做到"先于他人察觉，先于指令行动"，别人就会对你刮目相看，认为你是一个"有心人"，这样正好奠定了良好的基础。再加上"物以类聚，人以群分"这一原理发挥的效果，自然而然，你的周围就会聚集越来越多的"有心人"。

让人见了一次还想见的人，基本上都有些吸引人的特质，例如可以信赖的人、给你忠告的人、活泼开朗的人。无论如何，人总是想跟那些能够体贴对方、富有魅力的人见第二面，而不喜欢跟那些被动的、光考虑自己的人见第二面。

这是因为"有心人"不喜欢"无心人"。或者说，"有心人"希望和"有心人"交往，不想和"无心人"打交道。因此，"有心人"的周围也自然聚集了同样的人。在公司里，"有心人"口碑好，所以拥有良好的人脉，然后各种丰富而可靠的信息就会接踵而至，商机也增加了，最终能够圆满完成工作。可见，只要稍加发觉，一切都会向好的方向发展。

随着良好的人脉关系的建立，你的机会越来越多；随着机会的增加，你的处境会越来越有利；随着机会增加，你会觉得失败一两次亦无关紧要了。

如果你面对唯一的或者最后的机会，无论如何，你多半不允许自己失败。因此在做事的过程中，就会感到很紧张。因为输不起，做事情就放不开手脚，思路也就趋于保守。

相反，机会多多的人，他觉得总归还有下次机会，所以能够轻装上阵。对于一个人来说，放松的心情会带来正面的影响，让他思路变得活跃，创意不断，从而提高了把握机会获得成功的可能性。

拥有丰富人脉的人往往有很多机会，也能够获得最新的信息。拥有这么多的有利条件，做事情自然可以保持轻松的心情、费很少的力气而取得更大的成功。

就算拥有相同的能力，如果不能用心发觉，细心地待人接物，就无法拥有更多的机会，做事紧张不安，像"一匹狼"一样孤军奋战，最终难以获得成功。虽然乐观的人会说，那也无所谓，我走我的路。但是做事时，"一匹狼"和人脉丰富的人相比，要更加艰辛、绕更多的弯路，而且未必能获得成功，他们走的都是"充满荆棘的道路"。孤军奋战而取得成功的人，一般都是身怀绝技、运气极佳的人，可惜这样的人只是少数。

先于他人察觉，然后创造机会，这是成功的捷径。

正确的商务礼仪

现今全球经济一体化，商业社会竞争激烈，要比别人优胜，除了拥有卓越的能力以外，更重要的是要拥有良好优雅的专业形象和卓越的商务礼仪。商务礼仪，顾名思义就是指人们在商务交往中的礼仪规范，是在商务交往中以一定的、约定俗成的程序、方式来表示尊重对方的过程和手段。在职场中，商务礼仪、礼节都是人际关系的"润滑剂"，能够非常有效地减少人与人之间的摩擦。随着社会的发展，各种商务活动日趋繁多，商务礼仪在职场中越来越受到人们的重视。

注意礼仪，给人留下良好印象

礼仪是构筑人与人之间沟通桥梁的一个重要因素，人与人交往的基本就是礼仪。这并不局限于剑道、柔道之类的武道世界，也适用于工作场合。

良好的礼仪经常会决定你在他人心目中的第一印象。

春天是一个邂逅很多的季节：刚进入公司的新人就不用说了，还有入社式、入学式、人事调动等等。第一次和别人见面的时候，我们都习惯先以第一印象去判断一个人，好人、坏人；淳朴的人、狡猾的人；嬉皮笑脸的人、严肃的人；有声望的人、平庸的人；值得信赖的人、不可信任的人；有魅力的人、没有魅力的人等等。

实际和这个人交谈，往往会以跟对方在一起的气氛和感觉来判断一个人，而不是谈话的内容。这是瞬间的，主观的，靠直觉的。给别人留下好印象的人和不好印象的人，在今后长期的交往中会被区分对待。自己给人的印象是怎么样的呢？最好先自问自答一次。

可是，近来似乎有很多的年轻人并未意识到自己给别人留下的印象是多么重要，这让我感到十分吃惊。比如说踩着点到公司上班，仅仅是点头致意一下就坐到办公桌前，好像什么事都没有发生过一样开始工作。这样是无法与人建立良好的人际关系的，也是没法成为一个有人格魅力、受他人喜爱的人的。

因此，早晚的寒暄显得非常重要，其实寒暄中还有很多深意。"早上好"中包含了"今天还请您多多关照"的意思；"欢迎光临"中含有"您在百忙之中还抽出时间，真是不胜感激"的意思。寒暄并不是期待着被打招呼，而是自己主动地去做。这样的场合，请不要忘记你明朗而富于感染力的微笑。

寒暄的时候一定注意要和对方的目光接触，进行眼神交流。例如，早上你和上司在走廊擦肩而过时，目光还停留在文件上，然后说"早上好"的话，上司会怎么想？另外，因手上的工作停不下来，所以头也不抬地对准备回家的前辈说："您辛苦了！"对方肯定不会有什么好心情。这样不仅达不到有效沟通的效果，反而还会招致他人的反感。

在和对方进行心与心的交流时，适当的方式显得非常重要。寒暄的时候，一定要停下手中的工作和对方进行目光接触。特别是表达"谢谢"之类的言语时，一定要大声地说出。正是这些细节决定了你在别人心中的印象。

既然已经说到了给别人留下的印象这个问题，关于第一次与人见面怎么做比较好我想再赘述几句。和人第一次见面时，或者去拜访平常给予过帮助的人时，最好带上一些略表心意的小礼物。

在这些情况下，我通常都会带上一些小礼物，如自己写的书、自制的资料、美丽茶、花茶和咖啡大福等等，其中特别受欢迎的是最近在媒体上大获好评的咖啡大福。无论送给谁，事后都会有人发封邮件，有的说："真的是太好吃了。回家后跟妻子说起时，她还怪我为什么不留一点。所以如果方便的话，下次还能给我一些么？"还有的说："事务所里的女员工们竟为此争持不下。"送去的礼物能受到如此的厚爱，觉得自己辛苦带过去也值了。

自制的资料也是很受欢迎的，上面会有一些其他地方没有的"活着"的礼物（信息、智慧等）。把握住女性爱美的心理，送给她们的美丽茶和花茶也颇受好评。说不定就从样品使用开始，她们最终会购买我们的美丽茶，成为我们的用户。

所以要跟人见面时，不要两手空空，至少也带上些小礼物吧。

在这个凡事讲究速度和效率的时代，如果你向一百位猎头提问："几分钟之内可以判断出面试者的能力?"多数人都会回答说三分钟。也就是说，三分钟内就足以根据第一印象判断出一个人的能力。所谓的第一印象，就是跟那个人初次见面时留下的印象。

但是事实上，印象在见面之前就已经形成。因为，在第一次见面前，一般都应该已经打过预约电话。在商业活动中，除特殊情况外，是不能没有预约的。经过电话预约，会给对方留下第一印象，而面谈只是加深这个印象而已。所以电话礼仪是相当重要的。

打电话时，听到电话那边传来的声音就可以想："这人让人感觉很傲慢"；"说话说得那么快，感觉是个急性子"；"这人感觉不错"等，印象在不自觉中加深了。这就是留给对方的第一印象。当然，在见面之后，印象大变的情况也是有的，但这是见了面之后的事了。在只能依靠打电话来开展工作时，是通过最初的电话交流，来提高以后的工作印象的。

平时很温和的 A 先生有一天因为忙碌不堪，接一个电话时态度有点蛮横。殊不知那恰巧是客户打来的重要电话，结果可想而知。因电话中的不小心酿成大错的例子数不胜数，而且在一般情况下，在电话中听到的话会一直留在对方的印象当中。

虽然印象是一瞬间的感觉，但想要改变这个印象却需要很长时间。因此，若在电话中给对方留下的第一印象不好的话，之后就很难改变了。

说到这儿，大家应该了解到电话措辞是多么的重要了吧。请以上述为借鉴，以后给初识的人打电话预约的时候，多注意电话措辞。

收发电子邮件的礼仪

在这个互联网发达的时代，电子邮件以其快速、便捷的特性成为了人们日常生活必不可少的交流沟通方式，也成为了职场上最为常见的联络方式。因此，收发电子邮件的礼仪其重要性不言而喻。

这个社会，通过邮件进行日常的联络是理所当然的，如果您还有网页的话，甚至可以向全世界的任何人发送新闻、天气预报、各种商品信息、政府的公开信息等。就说网上购物，现在网上买不到的东西几乎可以说没有，我这样说并不过分吧。

互联网的好处在于不受地方、时间的限制，人与人之间不需要直接见面就能够自由交流。比如，无论何时何地，不需要经过多余的中间商，在电脑面前就能够购买东西，这就是互联网巨大的魅力。虽然网上的店铺鱼龙混杂，但不可否认，网上购物是电子商务急速发展的产物，它给人们的生活带来了便利。我最近也开始网上购物，如个人电脑有关的配件、办公室用品、衣服、书等，虽然金额不大，但用惯了以后，觉得网上购物确实非常方便。在多次网上购物后，我发现了很多有趣的事情。

在网上购物，只要在电脑上指定了商品，之后所有的接洽都是靠电子邮件，这如实地反映了那个商店对顾客的"关心"程度。

店主A在顾客订购了商品之后，马上就会发邮件表示"感谢您对我们商品的选购！"然后在他的邮件中还会写一些"只要我确认了库存情况，做好发送准备的话，我再跟您联系。"发货以后，他又会发个邮件过来说"本日您的商品已经发送了。"在邮件里会写上"您的订购号码是某某号，今后要咨询时，请用这个号码。"而且在商品差不多快到的时候，又会来一封邮件询问"商品送到了吗?"在此邮件里还会礼貌地写到"如果您收到的商品有什么问题,对于我们的服务有什么意见或感想的话,请与我处联络。感谢您的惠顾!"仅一次购物,店家至少会来三次邮件。但是店主 B 却不一样,他在顾客订购好商品后,只会发一次邮件:"感谢您选购我们的商品!"之后的所有环节中就都不再联系顾客了,突然某一天商品就给你送到了。

如果你要购买同样的商品,恐怕是会选择接洽有礼、服务周到的店主 A 吧。网上购物既看不到店里的人,也听不到声音,所以与一般的商店购物相比,需要"关心"的程度要大得多。正因为看不到,所以对于买的一方来说,轻松和不安是并存的。今后,随着网上购物市场的不断成熟,必然会出现因价格、服务还有其他各种因素被淘汰的商店,其中"关心"程度的差别肯定也是一个因素。

在店铺门口,即使店员有些不热情,但是也不会想"下次不在这家店买了"。但网上购物如果邮件处理不好的话,下次真的就再也不会在那儿买了。

因为刚好说到了邮件的话题,所以接下来我想说说网上的礼貌(通称网络礼仪)问题。前面已经讲过,如今,在商务的世界里用邮件联络已经是司空见惯了。电子邮件的方便之处在于,即使在对方不在或在会议中的情况下,也能向对方传递消息。

曾经有这么一件事,A 君在早上,首先往贸易合作伙伴负责人的邮箱里发了一封内容为"请尽快回复"的邮件。但是直到下午对方也没有回复。困惑的 A 君与对方公司联系了好几次,但因为对方出差还是没能取得联系,手机也打不通。结果,A 君与该负责人取得联系时已是第二天了,那时的 A 君急得像热锅上的蚂蚁一般。

通过邮件进行交流通常会有上述这样"走岔"的情况。因为并不是每个人都会经常查收邮件。在给对方发邮件的时候,遇到紧急或重要案件时,为了预防这类情况发生,要事先打电话确认其目前所在的位置。并且在发送后再次打电话提醒"现在邮件已发送过去,请注意查收",那就更可靠了。这样做的话,在能够确认对方的所在地的同时，也能给人留下细心周到的印象。

不仅是电子邮件，传真也一样，使用传真比使用电子邮件更易犯错。有时候遇到对方缺纸了，有时候遇到文字大小深浅不合适，以至于产生对方看不清楚内容的问题。有的公司要接收很多传真，可能你发的传真刚好被埋在纸堆里，没送到收件人手中，甚至遗失。虽说你是发送了，但不能保证一定会送到收件人手中，更难保证收件人一定能看到。所以，在发送重要的传真前，你可以先给对方打个电话："下面给您发一份传真"，以引起对方的注意；也可以在发送结束后打个电话说："刚刚给您发了一份传真"，确认一下对方是否已收到。至少要做到其中一点。这些看似只是些细微的小事，但表达出的关心却会慢慢地甜到对方的心头。提到传真，我想起某电脑软件公司在申请书背面的正中间，用大号字体印刷公司的值班传真号码一事，这真的是聪明之举。如果不知道其聪明之处，不妨细细思考一下。

那么如果你是接到邮件的一方，需要注意哪些地方呢？正因为网络是瞬间就能够联络的手段，所以对它的处理也需要速度。如果收到邮件的话，那么在何时以前必须写回信呢？按礼仪来说，它的限定时间应该是收到邮件后"72 小时内"。也就是说，整整三天内如果还没有回音的话，就可以认为是邮件没收到或被忽略。因为在工作中常用邮件处理问题，邮件的来往越来越多，一天收到 50封邮件都是很常见的，光是写回信就需要很多时间。在这个时候，如果你把"72小时"这个数字时刻放在头脑里，关心别人，肯定对工作有帮助。

最后应该认识到电子邮件的方便性也是有缺陷的！既看不见对方又听不到声音的电子邮件，只是依靠着文字互相传达信息。但是，事实上，在商务邮件里，出现错字或漏字的情况很多，这种充满低级错误的邮件会给别人留下你很随意、傲慢无礼的印象。同时由于文章词句的错漏，也会导致误解。

所以请好好检查你的邮件内容，记住细心的留意和一点点的关心是有必要的！

托邮件的福，我们足不出户，只需单击一下邮件的登录地址，就可以将事情的内容发送过去。并且不用担心对方不方便，只需留下口信即可。但是，过分依赖这种便利，事实上也会出现很多低级的错误。

所以每当有事时，我都会对职员强调，公司内部的议案要面对面进行商量。因为我认为，有些事情一味依赖邮件的话，职员之间就不能顺利地沟通。邮件拥有速度快、一次性大容量发送等好处。但是，正因为它简单容易，所以多半情况下会稍微浏览一下就把它删除了。

如今是一个依赖电子化而忘记"原始"工具好处的时代，但重要的事情我还是提倡用"原始"工具来跟进，怀着这样的想法是非常必要的。所以，如果在某些时候用手写的贺卡或手写的书信来代替电子邮件会怎么样呢？人们一般都不会马上扔掉，而是会保存下来吧。

正如"人如其文"这个比喻一样，手写的文章可以传情达意。写信时，一般都会反复阅读修改，实际上这就是对要传达的事件的整理过程。尤其是去道谢或有求于人时，相对于口头表达和电子邮件用手写书信更能给人留下深刻的印象。

我曾经请过演员渡边修三先生来做学习会的讲师，演讲的题目是"人们非做不可的事情"。他幽默的演讲涉及了方方面面，听众都沉浸在其中，一个半小时的演讲转眼间就过去了。演讲过后的第二天，我就收到了来自渡边修三先生亲笔书写的卡片。他给那天交换了名片的每个人都寄去了一张卡片。我把这件事告诉了一个认识的银行分行长后，他马上恳求渡边修三先生，希望他能去他们银行做一次讲座。两人谈得非常投机，几天后，那家银行就决定举办渡边修三先生的讲座了，这正是因一张卡片结下的缘分。

像这种亲笔书写的卡片，正好起到了电子邮件所无法代替的传情达意的作用。

不过，手写信件和电子邮件一样，必须避免错字和漏字，并遵循尽快寄出的原则。大多数精于此道的人通常是在第二天寄出感谢信，迟寄的人一般都是在考虑写正规些的函件或想添加些特别话语，结果却错失良机。

人对事物的关心都存在着"心情期限"。如果让对方着急想知道"事情怎么样了呢?"或"怎么还没到啊?"，这样对方对你的印象就大打折扣了。实际上，过了个把月才给对方发感谢信的笨蛋是没有的。虽然这世界上肯定没有"在什么时间以前要寄出感谢信"这样的规定，但为了给对方留下好印象，最迟也要在两三天内寄出感谢信，超过这个期限，发了可能也是白发。另外，感谢信的内容其实不必太讲究，怀着感激的心情稍微添加一些自己的近况就足够了。

所以也请不要过分依赖电子邮件，试着在皮包中放五六张明信片，动手写写吧!

交换名片的礼仪

最后我想强调一下关于名片交换的问题。因为最近我看到了不少违反名片交换礼仪的年轻的商务人员，而他们似乎完全没有察觉有何不妥。

在有很多人参加的聚会或晚会上，因为会一次性收到很多名片，所以经常会发生名片与脸对不上的事。当然为了避免这种情况的发生，所以在交换名片的时候尽可能多交谈，不懂的事情就当场问，即使一点点也好，要多给名片输入些信息。

在商务场合，名片可以说是一个人的脸，所以一定要小心对待。对方给你的名片你也要把它当作对方，所以首先常识上不要弯折名片。

如果你是下属，请务必先将名片递给对方。如果先从对方得到名片，在递出自己的名片之前最好添一句:"没有及时递给您，非常抱歉!"也请不要忘记:清晰地报上全名，以免对方读错自己的名字!另外，在接名片时，请加上一句:"多谢了!"并用双手接过来。

请恭敬地递上自己独特的名片，并打开话匣子吧!

除去以上谈到的几点之外，要成为一个成功的、有人格魅力的人，我还想给大家几条建议。第一就是掌握属于自己的一技之长，因为新颖独特的创想并不限于从意想不到的地方诞生。

接下来的这个小故事发生在某茶叶销售公司的女职员身上。因为是亲自经营茶叶的公司，所以社长觉得如果给客人喝的茶叶太难喝的话就太没面子了。出于对客人的这种关心，所以社长在公司内部实施了沏茶的培训。培训结束的当天傍晚，一个女职员拿着一张漫画风格的纸来到了社长办公室。社长问"你拿着漫画来做什么？"她回答说："我把今天培训过的沏茶方法用漫画画了下来。"

一瞬间，社长突然醒悟了。因为内容虽然只是沏茶的方法，但是把公司内部培训的内容用漫画画出来的这种创想是社长完全没想到的。用漫画画出报告书并不是很容易想到的创想，这不禁让社长也折服了。

最初这个职员为什么用漫画归纳培训内容呢，可能只是因为她擅长画漫画而已，而且因为喜欢画，所以碰到什么事情都想用漫画表达吧。可结果是很好的，正是因她的一技之长产生了一个大家公认的独特创想。

有一句话说"艺可养生"，的确如此。如果你拥有某一特长或擅长的技艺，就可能给你带来意想不到的力量。这位画漫画的女职员正是如此。其实，拥有一技之长的好处不仅限于此。拥有一项特长，就意味着你拥有了与特长本身有关的人脉，在该领域追求完美的人在其他领域同样也会追求完美。如此一来，在其他的各个领域又会增加更多的人脉。同时，涉猎到的知识面必然会更加宽广。因此，某一方面特别优秀的人，你交给他的大部分工作他都会完成得很优秀，其道理就源于此。

第二点就是自我管理能力的培养，这对一个成功的商务人员来说是一堂必修课。

同一所大学同一个专业毕业、能力也差不多的两个人进入到同一家公司工作。A 职员是那种一点都不张扬、一步一步地坚持不懈地完成工作的人。相反，B 职员个性张扬，虽然有时候也会接手大工程，但出错较多。五年过去了，两个人之间有了明显的距离。乍看上去有点朴实的 A 职员，竟也能渐渐胜任大工程了，那与他的自我管理是分不开的。他在心里决定"从明天开始要提前一小时上班，把一天的工作都提前完成"后，真的就坚持做到了。提前一小时上班就能避开上班高峰期的拥挤不堪，做到提前一小时上班，自然也就可以度过轻松的一天。虽然这看上去很简单但坚持下来却很难。要问个究竟的话，那是因为如果是上司的命令或公司的规定，我们肯定会遵守。若只是个人的决定，要贯彻始终的话，就需要坚定的信念和意志。因为是自己决定的，即使偷懒也没有人会说什么，即便没提早上班也不会给谁添麻烦，只是回到了原来的状态，也没什么不好的。接着人们就会给自己找这样那样的理由，心中想着："唉，还是算了吧。"一旦有这种想法，那么至今为止的干劲就全没了，人就是这么脆弱的一种动物。

因此，自我管理就是看你能否克服"现在不做也没人责备我，所以还是不要太勉强自己"这样一种消极思想。不能好好管理自己的人，无论过了多久都不能改变自己的生活习惯。坚持不懈的 A 职员不就是一步一步地改变自己的生活习惯的吗？能否管理好自己，在某种程度上甚至能左右你的人生。

第三点就是不要忽略不起眼的小事，正是每一件小事的完成情况决定了你在他人心中的形象。

做同一件事情，有的人受到好评，有的人遭到忽视，乍看似乎让人觉得不公平，但成人的社会就是这样的。完全不受重视的人可能就是在不起眼的事情上做得不够。好不容易和别人拥有一样的才能，但因为忽视了"不起眼的事情"，结果差之毫厘，谬以千里。本来人与人之间的能力没有太大的差别，给对方的印象如何、能否获得商机，往往取决于你是否能谨慎对待自己的行为。

昔日拥有"一技之长的被动者"，要想摇身一变，做一个积极的、得到周围人认可的人，其最有效的方法就是"关注不起眼的事情"。例如，在"擦干净开会后的桌子"、"先别人一步去接听电话"、"在宴会等场合主动给别人斟酒"等等这些非常不起眼的事情上，都要比别人早做一步。此外，在日常生活中，即便只是小小一句问候或感谢之类的话，也都要加以注意。你的一句话，能充分传达你的心情。我这样说，也许有人会反对："什么呀，这不是拍马屁吗？真讨厌！"确实，这个方法与拍马屁在某些地方也就一纸之隔，所以在使用时有必要加以注意。

在做这些事的时候，不要期待立竿见影，不要在意周围人的反应，而要坚持下去。其次，搞清楚自己为什么要这么做，然后毫不犹豫地坚持到底。

总而言之，发觉并做好这些不起眼的事情，直接关系到别人对你印象的转变，也能够为你的人格魅力加分不少。

最后一点就是在国际化的背景下拥有开阔的视野和灵活的思维方式。国际化是跨越民族、语言、文化、肤色、宗教、价值观等的差异，与世界各地的人建立友好关系、加深交流、获得情报、扩展事业，带动各种各样的人共同完成一件事情。现在是一个事物、金钱、信息等超越国境交流频繁的时代，人才的交流也是发展趋势之一。

就我个人而言，30多年前作为静冈县的中国调查团访问中国以后，我就感受到了中国广阔的地域面积、众多的人口蕴含着的巨大商机和无限的可能性。现在，中国被称为"世界的工厂"，越来越多的日本企业陆陆续续进入中国市场，而我与中国的交流也有三十多年的历史。

当今社会，很多人都有不得不跟外国人接触的情况发生，这种情况在公司，尤其是外企中颇为常见。在这个时候，了解对方国家的文化背景等知识，拥有能站在国际化背景下从双方角度出发的思维和视野，能够使你更具人格魅力，从而为与对方良好的交流、日后的成功打下基础。

人格魅力自测表

1. 能够主动发觉、思考、判断、行动吗？

2. 开始做任何事情后，是否能够坚持到底、决不放弃？

3. 在遇到困难时能否将心里的负能量转变为正能量？

4. 是否有能够不输于其他人的一技之长？

5. 是否能够不局限于眼前的事物，拥有"54321"逆向思维，从全局出发进行判断？

6. 对每一件事情能否从多个方面去考虑？

7. 是否对任何事物都抱有"Yes"、"Try"的心态？

8. 是否会利用语言、图画、文字、照片、漫画、录像等多种方式与人沟通？

9. 是否对比起"为什么"来说更加重视"怎么做"？

10. 对每一份工作是否有得出数字化结果的意识？

11. 对生活、工作，是否从心底拥有相信、执著、喜欢等积极情绪？

12. 每一年的自己是否都有改变？

13. 是否拥有梦想并给梦想的实现加上有效的期限？

14. 能否保持他人无法模仿的独创性？

15. 对待工作和人生，是否能将其当做电视剧一样来创造属于自己的剧情？

16. 即使有知识、即使能发现，是否大胆地去行动了？

17. 在交换名片的时候是否注意礼节？

18. 与人交流的时候是不是经常使用让人难理解的语言？

19. 是否注意自己给他人留下的第一印象？

20. 面对困难时是否能不轻易放弃，乐观面对？

第六章

创造力

第二次世界大战以后，日本以令全世界震惊的速度快速发展，以美国和欧洲为目标，吸收模仿它们的先进技术，不知不觉中，日本已成为和欧美诸多国家不相上下的经济大国了。

然而，静下心来却发现日本已经失去了接下来努力的方向和目标……那就是被称为"失去的十年"的开始，从那时起，日本经济开始陷入低谷，增长缓慢。

时过境迁，2008 年，以"雷曼危机"为开端，爆发了以美国为中心的世界金融危机，与此相对，以中国、韩国为首的亚洲各国却迎来了经济上的迅速发展，就像过去的日本一样。

对于正在成长的人来说，失去了目标或者学习的对象时，就是考验他真正实力的时候了。

随着全球化、网络化的发展，国家与国家，人与人之间的分界线越来越模糊。以东日本大地震为契机，以人为本的价值观迅速地渗入每个人的心里。在这个迅速变化的世界里，过往的经验和知识已不再适用。要想在难以预测未来的社会里前进，需要的就是能灵活应对变化、敢于挑战从未尝试过的新鲜事物的"创造力"。

创造是件很快乐的事

创造大体可以分成两种类型。

一种是独创性，也就是从无到有的天才型创造。我接下来要和大家分享的"八角形住宅"就是典型的例子。

另一种是"组合性创造"，即将很多事物组合起来的创造。

比如说 $m^{①}+m=2m$，但 $m \times m=m^2$（面积），$m \times m \times m=m^3$（体积）。用乘

---

① 这里的 m 是指距离。

法来计算就会发生奇妙的化学反应，产生新的事物（面积、体积）。比如下文的"女子工匠"、"茶叶生意"、"日本工人军团"、"GMC"等都是这类例子。

我喜欢这样一句话："鲜有人走的地方一定是一条铺满鲜花的道路。"用与一般人不同的思考方式、做事方法可以创造出新事物。简单来说，不能做到"非常识"的话就无法创造。危机就是创造的最好机会。

如果想要创造出什么，就必须 24 小时不间断地思考，睡觉的时候也好，醒着的时候也好，洗澡的时候也好，上洗手间的时候也好，吃饭的时候也好，都要不停地思考。把这当做苦差的人和以此为乐趣的人，结果上会有很大的差别。

创造力是上天赋予人类最强有力的武器。

为了创造，必须要有"求知的欲望"和"发觉能力"。

对任何事物都怀有兴趣，尝试着去做是创造力的起点。没有目的或者问题意识，是无法发觉的，只能让一切白白浪费。

很可惜，不是每个人都有创造力的。那些没有创造力的人可以和有创造力的人做伴，"你来想我来做"，像这样分工就好了。

创造既可以是大发明也可以是小发明，不管哪一种，只要亲身体验过，就能了解那其中的快乐。

也就是说，"创造和思考都是很快乐的"。

说到这里可能还是有很多人觉得创造是件很难的事情，接下来我举几个具体的事例来说明这个问题吧。

八角形住宅

从零开始，创造世界上还没有的新事物。所谓独创性的"创造"究竟是什么？

高品质、低成本的房子

买房子、盖房子的时候，你最看重的是什么？

很多人吐露出了心声，表示希望能住上"高品质、低成本的房子"。译成英语就是"High-class and Low-cost"。

我意识中理想的住宅，就是"HLC"，即 high-class 的 H、low-cost 的 L、class 和 cost 的 C。

针对如何建造这种理想的住宅，我开始向公司的年轻职员们征求提案。

一个星期后，公司的一位女职员 G 君（日本的短期大学毕业生，当时 23 岁）拿着提案书找到了我。

"究竟会是怎样的构想呢？究竟是怎样的房子呢？"我十分期待。看到她的提案的那一刻我目瞪口呆。房子是房子，可竟然是"八角形的房子"。

不是四角形的房子吗？我心里万分疑惑，但还是决定先听听她的想法。

G 君说道："要想建出便宜的房子，就得减少使用的材料才行。"

那么，究竟如何在保证质量的前提下，减少使用的材料呢？

在同样的面积下改变形状的话，因为八角形比四角形更加接近圆形，所以外周长就会缩短。也就是说，如果把它作为房子考虑的话，和圆形接近的形状不会花费太多的材料，建出便宜的房子自然也就有了可能。

但是，实际上要造出圆形的房子是一件十分困难的事情，"……所以我构想的是建造八角形的住宅……"

她的解释十分合理。的确，八角形并不是什么出奇的东西，如果在"高品质、低成本"这一条件的前提下，彻底执行、精确计算的话，这个方案是可行的。

"原来如此，有意思，有意思……"我连连赞叹。

于是我立即召集员工们，对她这个独特的创想进行了说明讲解。

但是，员工们对此创想却是充满了质疑。

"不可能卖得出去"、"房间拐角处不方便"、"这种点子，想想是可以的"……

面对八角形住宅这一全新的想法，大家都只不过是陷入了"四角形住宅才是理想型"这一常识的死胡同里，在挑毛病罢了。

经营不是少数服从多数制。下属的意见是要听取的，但是最终决定权还是在领导那里。

活用机会还是扼杀机会？

"八角形住宅"这一全新的住宅模式的诞生，有三个要点：

1. 能坚持做到上市的人很少。

面对 G 君提出的这一超出常识的"八角形住宅"构想，经过一番调查，我们发现：实际上在世界上其他国家，曾有人提出过同样的构想。例如住在冰雪世界的爱斯基摩人、一直住在蒙古包的蒙古人都深知圆形住宅的好处。此外，很多寺庙也都会建成多角形的。

既然如此，为什么迄今为止只有四角形住宅呢？

说起"高品质、低成本"这一条件，大概 100 个聪明人中有 1 个人会想到圆形或者八角形。但是，与此相对，最终能实际动手去实现这一创想的人大概只有千分之一，更何况是在上市之前能最终坚持到底的人，大概也就万分之一吧。

也就是说，要把超出常识的新事物搬上市场，是一件极其困难的事。但是，困难重重的同时，你也应该意识到实际上正在做这件事的人很少，所以在某种程度上就说明这其中隐藏着机会。

2. 领导能力。

这是八角形住宅的房间墙角，你怎么看？被"四方形的房子才是好房子"这种固定观念束缚住的人，会认为八角形的拐角会让房子显得更小。然而我却觉得房子因此大了起来。

面对同一事实，看法和想法却完全不一样。这种差异来源于人们评价事物的方法不同，一般来说分为"减分法"和"加分法"。

减分法，是指在默认 100 分为最高分的前提下，每遇到一个不好的地方就不断扣分。从 100 分开始不断减去不好地方的分数，数值就会越来越低、越来越低……最终只能是走向零分。

与此相对，加分法是指从零分开始，每遇到一个好的地方就不断加分。30 分、50 分、80 分、105 分、300 分……是没有上限的，也就说是有无限上升空间的。

很遗憾，现在学校里的评价方法基本都是减分法。从小学到大学，很长的时间里我们一直都是被这种方法评价着。

减分法中默认的满分是 100 分，换种说法也就是有了"这个、这样做比较好"这样一个固定观念。被固定观念牢牢束缚住的上司，往往只会对部下提出的提案不断说 No，最后得到的结果也只能是 No。

与此相对，思维上没有受到固定观念的束缚，能够不断提出创新想法的上司，不会一味地对提案说 No，会灵活地说 No 或者说 Yes。

不管是谁，都拥有不断思考的能力。可是至今为止，究竟因为上司埋没了多少有创意的想法呢？

是扼杀想法还是能够活用想法，这全部取决于领导者的能力。

3. 有趣，努力试试看。

"知之者不如好之者，好之者不如乐之者。"

这是孔子说过的话，因为自己有兴趣而去挑战的人，自然能够做好工作。即使遇到困难也不气馁，凭借着丰富的创新能力和挑战力，也能将困难变成乐趣。挑战从未有人尝试过的事情，多次碰壁是在所难免的。如果只是因为被上司吩咐而被动地去做的话，肯定很快就会陷入僵局，停滞不前。

我们公司八角形住宅的开发用了将近五年的时间。设计图画不出来，建筑许可申请得不到通过，不知道怎么建会比较好，也没有人愿意帮我们建……回头看看，自己都感叹真是好不容易才做到的啊。虽然那段时间每天都要面对许多问题，但中途却从未想过要放弃。

八角形住宅的"八"里是有秘密的。汉字的"八"一撇一捺向两边展开，象征着吉利；数字的"8"横过来后是∞，代表着无限大的可能性！

那段时间里，每天唯一想的事情就是如何让更多的人了解八角形住宅。我想，正是因为拥有了这样的心情，正是因为比谁都喜爱着八角形住宅，相信它能够成功，才会想出那么多有创意的想法，并最终迎来了成功。

从八角形住宅中诞生的东西

"Yes，but..."法不否定公司员工的提案。只要一旦提出了提案，就回答 Yes 表示接受，但行动过程中附上 But（条件）让他们去挑战。

G 君提出的提案已经成为被许多客户所了解的现实了，许多人通过八角形住宅树立了全新的价值观，同时享受着新生活。对公司来说，下定决心向消费者卖出八角形住宅的这个梦想也实现了。之后八角形住宅在日本普遍起来，看着许多人高兴的样子，我想最有感触的应该还是提出这个想法的 G 君吧。

公司职员通过完成一件件有价值的工作获得自身成长的同时，也促进着公司的成长。希望今后也能将公司保持在这样一个勇于挑战新事物、坚持创造的状态。

培育领导者

通过这次八角形住宅开发的事情，我深刻意识到了领导者的重要性。

一只羊率领一百头狼的军团遇到一头狼率领一百只羊的军团，两方相战谁会获胜呢？

答案显而易见。不管部下有多么强大，如果领导者犯了战略性错误，那部下的力量就无法得到发挥，最终导致失败。

培养能够运用灵活思维来管理部下、引导大家走向成功的领导者这项事业，不仅仅是公司内，还与 GMC（全球管理者"私塾"）紧密相连。

中国茶项目

"中国茶"和"住宅",是看起来完全没有关系的事物,但是从两者中却产生了新的商机。

战略性创造销售

花了多年时间完成的八角形住宅,因为其独特和罕见而引起了很多人的关注,这一结果远远超出了我们之前的预想。

八角形住宅——不拘泥于常识,极具个性,反正都是不一样的,干脆在建造方法上再给大家一个惊喜,我这样想着,于是想到了以下三个方法。

首先就是书。

我想真正执著于住宅建造的人,一定会经常读书、不断学习。于是,我便开始执笔写关于八角形住宅的书,之后得以出版。

第二就是彻底执著于八角形。领带、手表、大杯子、桌子等等,总之,我把自己身上带的东西、周边有的东西全部都变成了八角形,我的车牌号也常是8888。我主动成为八角形住宅的宣传塔,积极投入到宣传中去。

最后就是灵活利用中国茶进行"战略性的创造销售"。所谓战略性就是指以长远的目光来看待、来思考。从长远出发,为了吸引更多的客户购买我们公司的八角形住宅,每建一栋房之前,我们都会事先去调查家庭中谁掌握决定权。得到的结果是掌握决定权的不是家中的男性而是女性,这一结果马上让我们意识到博得主妇的欢心是最重要的。

那么,主妇们现在追求的到底是什么?想到这里,我们马上针对100位主妇进行了问卷调查。

"您现在最希望得到什么?您目前最困扰的事情是什么?"

最后,绝对领先的答案是"想要更多的钱";其次就是"想治好便秘,想变得更加苗条"。事实上有八成的女性都会为便秘而苦恼。

这个时候，我突然想起了一直保持交流关系的中国，想起了提升了他们的生活品位、为其生活平添了诸多情趣的中国茶文化。

中国茶种类繁多，历史悠久。于是，我脑子里产生了一个想法："能不能通过什么方法制出一种具有减肥功效的茶?"于是作为宣传八角形住宅的一个工具、途径，我开始了"茶"的事业。

一开始，我就在公司的上海事务所创立了一个研究室，负责研制具有减肥功效的茶。

在上海中医大学的协助下，我们有幸请到了医学专业出身的数名研究人员，开始全力投入具有减肥效果的茶的研究中。

在中国的各种茶中，确有具有减肥功效的茶，但正如"良药苦口"这个说法一样，真正有那个功效的茶并不好喝，好喝的茶又没有那个功效。

不管减肥效果多么显著，如果不好喝的话肯定不能获得大家长期的青睐。出于这一考虑，我们在研究过程中不断推敲、琢磨，既好喝又有减肥功效的"美丽茶"终于诞生了。

不管是过去还是现在，在"想保持苗条身材"这一心理的驱使下，女性们勉强自己喝一些对身体有害的东西减肥的例子比比皆是。但是，我们公司开发的"美丽茶"，在一日三餐正常摄入的情况下，仍然能产生减肥功效，因此俘获了众多女性的心。

此外，我们还和中国浙江大学农学部一起进行研究，开发出了除"美丽茶"之外的多种茶。

另外在日本这边，为了进一步扩大为宣传八角形住宅而开拓的中国茶事业，我在日本安排了一个负责人 Y 君。当时，她还是女子大学的应届毕业生，她津津有味地听完了我的话，说道："您在中国开展的茶事业似乎很有趣，我一定要挑战一下。"

第二天，再次见她，和她交谈的时候，让我大吃一惊，因为她已经可以和我聊茶方面的专业性问题了。

一问才知道，第一天晚上结束和我的谈话后，她回去后读了三本关于茶方面的书。

这样一来，中国茶事业的发展势头越来越好。为了满足广大消费者"舒适生活"的需求，拥有减肥效果的美丽茶、包装精美的花茶、普洱茶，公司在不断充实茶的种类的情况下，还开始销售喝茶时相配的点心、对于缓解便秘效果极好的芦荟营养品等等，员工提出的新提案也源源不断。

创造即"故事"

茶的开发、销售，本身并不是我们的目的。我完全是出于反正要销售房子，所以希望能建立一个可以将这项事业快乐、长久持续下去的系统。

为了能想出有创造性的东西，我认为以下三点很重要：

1. 为了实现目标、目的、梦想、都需要下工夫。

2. 实际去付诸实践的人。

3. 广阔的市场。

在创造的过程中，是有很多故事、很多情节的。

如果要把在中国开展的茶事业拍成电影的话，那么我就是原作者加导演，Y君就是主演，前来购买茶叶的主妇们就是我们这部影片的忠实观众。

在日本策划了这部电影，研究、生产在中国开展，销售、消费在日本，这个故事是在一个国际舞台上展开的。

如今的时代，以全球化的视角拍出的电影将逐渐成为主流。希望正在阅读本书的各位年轻读者，能够具备在世界舞台上活跃的梦想和能力。

大学文科毕业的女性工匠队

世界上既有缺少的东西，也有多余的东西，把这些东西组合起来就能产生前所未有的新事物。举这样一个关于创造力的例子吧。

稀缺的工匠与就业难的女大学生

大约在 20 年前，日本掀起了一股盖房子的热潮，导致工匠稀缺。同时，随着大学升学率的上升，"建筑工地上的工作很辛苦"这样的印象逐渐在年轻人心中散播开来，使得立志成为工匠的年轻人数量急剧减少，引发了"工匠不足"的现象。

另一方面，当时女大学生的就业形势非常严峻。在当时，女性作为全职工作者进入社会的情况还不是那么普遍，面对急剧增加的待就业者，可供她们工作的地方却非常少。

这种情况下，我们公司也收到了将近 100 名女大学生投递来的求职申请。在思考如何才能让这些女大学生发挥才干这个问题时，我们得出的答案就是"由大学文科毕业的女生组成工匠队"，也就是"女性工匠"这件事。

为此，有人产生了"让女性做这种工作是绝对不可能的。开什么玩笑呢！"这样的怀疑。

的确，这个想法乍一听很是荒唐。让文科出身的女孩子来挑战被认为是男性专属的，甚至连男生都会觉得辛苦而不愿意干的工匠工作，按常理考虑简直是不可思议的。公司的员工也无一不反对这个提议。然而正是这个看上去非常荒唐的计划才能称得上是挑战，以下是这次挑战的几个要点：

1. 大学毕业：就算是建筑工地上那些辛苦的工作，也要带着自豪感去做。

2. 文科生：完全没有建筑相关的知识。

3. 女性：没有男性那么好的体力。

让她们去做工匠的工作其实完全没有胜算。我们所期待的是，她们能否抛开固定观念的束缚，在了解自己体力的不足后，提出建造房屋的新方法、新创想。

但是，如果冲上去就问"你愿不愿意来做工匠"，估计谁也不会搭理我们，所以我们换了一个稍微洋气一点的名字"Carpenter"。另外，这个队伍为期三年，三年时间一过，可以有一次重新审视自己选择的道路的机会。可以继续工匠的工作，也可以选择挑战企划或者营销这样的领域。

当把这番话说给来应聘的学生听了以后，三名女生举手说"我想要试试看"，看到这一场景，她们的父母和老师都非常惊讶。谁能想象到女大学毕业生会去做工匠这样的工作呢？

既没有相关专业知识也没有体力

迎来这三名女大学生后，Carpenter 小组正式成立了。

话虽这么说，没有任何建筑相关知识的女性就这样到建筑工地后发现自己什么也不能干，这时她们才明白现实并没有想象中的简单。我让她们从制作 1/10 大小的模型开始，"这只是模型，实际上我们盖的是这个十倍大小的东西哟。"

虽说只是模型，但要学的东西依然不少。如果弄错顺序，然后敷衍了事，就会导致最后的失败。必须积极地亲身体验后去学习，不允许任何理由的逃避。

就这样，每天从早到晚头脑高速运转，专心研究的第一年就这么过去了。

然而，从第二年起发生了惊人的变化。

第一年　　100％

第二年　　70％

第三年　　49％

第四年　　34％

第五年　　24％

第一年，没有专业知识，没有经验的她们作为第一批挑战者，只能想破了脑袋努力往前进。但从第二年开始就不是只知道使用脑袋了，而是改为使用体力了。到了第五年基本就不再使用脑袋了。

这个变化的原因在于"前辈"。与在没有路的地方开辟新道路的第一年不同，后来的人多了向前辈求教这样的选择，任何不明白的事情都可以去问，而拥有多年经历的前辈的做法是绝对不容置疑的，所以不再可能产生超出这范围的创新思维。

仅仅依照身体本能干活就跟以往的工匠一样了。如果她们不考虑创新，只一味墨守成规地工作的话，在技术和体力上是比不上那些经验丰富的工人们的。

虽然那时候有很多新闻杂志采访了这支 Carpenter 队伍，前来应聘的学生也超过了 1 000 人，但我仍然选择了在第五年解散这支队伍。

提出一两个有创意的想法并不困难，想要持续提出却不是件容易的事情，这需要问题意识、多方面地学习，以及不被固定概念拘束的灵活思维。

让客人满足的房屋建造

"只有女性真的没有问题吗？而且还完全是外行……"

虽然 Carpenter 队员们踏踏实实地打了很久的基础，做了很多准备，但仍然会让客户感到非常不安。一辈子就那么一处的房子，当然想保证建造得最好。

那时候，我斩钉截铁地这样说道：

"的确，在某些地方，女性工匠确实不如男性工匠，这是不争的事实。但是，这些孩子比谁都用心，一心希望可以造出令客户满意的房子。她们所做的一切工作，由我承担全部责任，请大家放心吧。如果造出的房子令人不满意的话，我们会重新建造。"

听了我的这一番话后，工匠们的脸顿时僵了下来。是因为感受到了巨大的压力，同时也暗自下定了"绝对不能失败"的决心。

既然决定作为房屋建造者进入市场，如果不能造出满足客户要求、令客户满意的房子的话，毫无疑问是不行的。那么，能够令客户满意的房子到底是什么样子的呢？

　　当然，一些技术层面的东西，如设计优良、完成度高，是需要令人满意的。但是与技术相比，倾注了强烈感情造出的房子不是更能打动客户、让他们满意吗？在物质泛滥的今天，我想如果能提供"除了这个人以外别人没法造的出来"这样独一无二的房子的话，一定能获得客户认可，让他们打心底里感到满意。

　　有一天，觉得甚是不安的客户来到建筑工地想一探究竟。但是，在看到连周末都彻夜未眠、有条不紊工作着的她们的身影后，之前的担忧和疑虑顿时烟消云散，带着深深的感动回去了。结果自不必说，完工的房子让所有相关人员都觉得无限惊喜和感动。自己造出的房子让客户真实地感受到了生活、希望的延续，获得了满足感，这不是一件很了不起的事情吗？建造能长久留存于这世界的东西，对她们来说就是最大的价值。

　　为什么前所未闻的"女性工匠"能成功建出那么好的房子呢？我再次深思了一下其中的原因，认为主要有以下三点：

　　第一，有人创造性地提出了"女性工匠"这一点子；第二，有人勇敢地站出来挑战和尝试；第三，在具备好的想法和挑战的人的前提下，有人给了他们实践的机会、挑战的平台。之前提到过的那位客户，听了我的话，加上在工地亲眼看到了工匠们的工作状态，很快就下定决心把工作全权交给我们，也正因为这样，我们才有了此次一展身手的机会。

　　每一次成功的创造背后，都隐藏着很多人的帮助和支持。可以说，正是每一次的支持和机会，引导着人走向成功。

"女性工匠"创造出的产物

　　"高空作业既危险又会让人觉得害怕"，在模型制造的时候意识到了这一点的她们，想出了其余工匠绝对想不到的施工方法，那就是"在地面上做好房顶，之后利用起重机吊起来再盖上去。"

　　听了这个想法后，我大吃一惊。

　　细想起来，工匠们日常习惯的许多工作，对女性而言都是很难完成的。在会的人看来理所当然到几乎可以被忽视的小事情，对不会的人来说都是巨大的障碍，所以她们反而会去思考别的方法，从而创造出新的机会。

例如，一般用杯子喝水的时候都会用到手。如果不能用手的话，人们就会下一番工夫去思考如何在不使用手的情况下喝到水，从而考虑去开发新的器具。同样，如果没有腿的话，大概就会认真去琢磨怎么在不使用腿的情况下移动吧。也就是说，在没有手脚的情况下，人们就会靠自己的头脑活下去。

知识丰富的人总是容易被固定观念束缚，陷入"不这么做就不行"的死胡同里。但是，正因为缺乏相关知识储备，反而没有固定思维模式和先入为主的观念，因此能大胆创造，产生各种新的想法。

日本第一的工匠军团

工匠们的新价值观

人要生存，必须具备三样东西：衣、食、住。

正如"住"这个字的字形所示，"人是主"。

同样，所谓"家庭"，也是指有了"家和庭"才组成了家庭。

也就是说，住宅在保护人的生命和财产方面发挥着巨大的作用。如果一个房子漏雨，甚至从窗户也能飘进雨的话，那就太不像话了，这样的房子可以说是完全失败的。

我们公司的房屋外部装修（屋顶和房屋外壁施工）工程，在日本是排名第一的。

我们每月会接到 1 000 多栋房子的外部装修工作，这项堪称业界排名第一的事业是在一支 500 人左右的工匠军团的支持下开展起来的。

自古以来，日本人就有尊敬技术精湛的工匠的传统。但是随着经济的高速发展、工厂的流水线作业、大批量生产逐渐成为主流后，很多企业都认为不再需要拥有高级技术的工匠了。现如今，工匠们的工作甚至被日本的年轻人称为"3K工作"（危险·肮脏·吃力）①，几乎可以说，现在的日本已经失去了培养工匠接班人的环境。

与日本相反，在欧洲，具有精湛技术的工匠往往比白领更受人尊敬。为了活用这些优秀的传统工艺技术，以及能将这些手艺代代相传下去，国家会提供有效的相关制度，比如授予那些技术十分精湛的工匠们"My-star"的称号。

看着欧洲国家那些对自己的工作充满自豪感、活力十足、不断磨炼技能的工匠们，再想想日本的现状，不禁让我担忧。于是，我下定决心要自己开办一个培养职业工匠的学校，培养一批像欧洲工匠那般"对自己的工作充满自豪感、拥有梦想和精湛技术"的工匠。

但是，在工匠这个职业已经被大家贴上"不良印象"标签的情况下，无论我说工匠这一职业是多么令人骄傲、多了不起的工作，估计也没有人会相信。于是，我决定向国家机关——国土交通省②提出了协助申请。

在八角形住宅开发期间，我们公司用两年时间将八角形住宅由不可能变成了现实。因为这件事情，国土交通省对我们公司产生了信赖，所以我们提出的关于职业工匠学校的协助请求，他们很快就欣然接受了。不仅如此，还承诺由国家拨款100万日元作为补贴，同时还可以从省政府和市政府各获得100万的资金。

这样一来，有了国家作我们的坚强后盾，同时又获得了资金支持后，1999年我的"屋顶·房屋外墙施工工匠职业技术学校"就正式成立了。

很多人往往对工匠这一职业带有偏见，认为只有大学、高中中途辍学和社会底层的人才会去做工匠，然而从我的工匠职业技术学校毕业出去的人中，有国立

---

①　日语中"危险·肮脏·吃力"的说法为きけん（kiken）、きたない（kitanai）、きつい（kitsui），首字母都为K，所以被称为"3K"。

②　日本的中央省厅之一，相当于我国部级行政机关。业务范围包括国土计划、河川、都市、住宅、道路、港湾、政府厅舍的建设与维护管理。

大学出身的人，甚至还有研究生。一直以来在人们印象中是"下等"的工匠队伍中，渐渐有了高学历的人参加进来，看到他们满怀自豪感工作的情景，我感觉"工匠是一项有价值的工作"这一点已经渐渐获得了人们的认可。

21世纪是工匠的时代

在建设工地的时候，我意识到了一件事。那就是不管原材料多么精良，如果施工队工匠的技术不够精湛的话，所有原材料就只能白白被浪费。也就是说，能不能充分运用好材料主要是取决于工匠（施工人员）。

"人"要会活用"东西"。21世纪是一个工匠的时代。因此我充分认识到在这个时代中我们依靠人才网络（"施工工匠军团"）成为业内的第一。我想不论今后社会形势多么严峻，如果拥有了日本第一的施工能力的话，委托工作一定会源源不断。

虽然每个工匠的个人能力都是有限的，但是如果2～3人组成一个小组的话一定能提高施工力。能够让每个人发挥自己所擅长的，作为一个团队，它的整体施工能力就会得到明显提高。一个人单独承担的一份工作，倘若由三个人组成小组一起投入精力去做的话，很快就能完工。不但施工速度会得到明显提高，还能降低成本。

寻求到符合时代的做法也是创造之一。

我们公司的屋顶·房屋外墙施工事业，在500名专属工匠和公司建立了良好伙伴关系的前提下发展至今，我相信今后只要双方继续相互支持、共同奋斗，一定能开创出一条属于我们彼此的生存道路。

GMC——全球化管理者培养"私塾"

当今世界最缺乏的就是领导者。财经界也好、政界也好、非营利组织也好，都是一样。

我们将两个以上的人聚在一起的团体称为一个集团，而每一个集团里都需要一个领导。我这里说的不是一般的领导，能计算收支（也就是精通管理）的才是最好的。

多年来，直到现在为止，有知识的人就能成为领导是我们默认的想法。然而，在这个发展迅速的时代，仅仅这样是不够的。为了培养出能在世界舞台上活跃的管理人才，我制定了这个宏大的计划（梦想）。

中国的人口是日本的 12 倍。通过这么多年在中国大学的执教活动，我深刻体会到中国的确拥有非常多的人才。但是，仅仅拥有能力的人，不一定就能成为优秀的领导者。所以我考虑要成立一个致力于培养能够在全世界活跃的领导者的"管理者培养私塾"，也就是 GMC。这不是为了加强硬件设施的建设，而是想从教育等软件方面入手，培养人才，培养领导者。

首先，我们的培训是私塾性质的，是免费的。其次，这是培养经营者（TOP）的地方。

从优秀大学中选拔人才，通过观察每个人的"脸"来筛选（3～4 回的面试）。整体培训时间一般为六个月左右，每一期的集中培训时间为两周。一个班级大概十五个人左右，参加培训的都是大四或者研二的学生。

培训首先从理念教育开始，集中在人格魅力、管理能力、创造力三个方面。我们强调的是，不仅仅要了解这些理念，更重要的是在理解的基础上要能够去实践、付诸行动。

上文所说的用"脸"来筛选的标准是：拥有淳朴的心、灵活的头脑以及挑战力（行动力）。换一句话，我们想要的是有成长空间的人才。

经营管理课程也许在学校里就能学到，但不经过实践，实际上是无法培养出真正优秀的经营者的。

教育的 30% 是理论课程，70% 是实践，总而言之，我们将重点放在了实践上。

为什么要如此强调实践呢？因为只有亲眼去看、亲耳去听、亲自去了解企业实际遇到的各种问题，然后自己动脑思考，直追问题的本质，才有可能掌握解决问题的能力，成长为真正的经营者。因此，GMC 是一场非常严肃的比赛。如果他们失败了，那是我的责任，但是我 100％甚至 150％的相信 GMC 那些优秀的学生。成功的话是因为他们的能力，失败了的话我将负起相应的责任。但事实证明，他们往往能做出远远超过我期待的成果。

培训的老师阵容多是像我一样的企业家。

像这样培养能够不畏困难的领导者，是我的长期目标之一。

GMC 毕业后的学生虽然只有 22 岁或者 24 岁，却担任管理者。他们与一般的学生不同，因为他们进入公司的起点就不同，多数人不是作为一般社员而是作为干部或者干部候补入职的。

2005 年，在众人的期待和些许的不安中，GMC 项目正式开始了。从全国各地来了许多应聘第一期 GMC 的学生，竞争率高达千分之一。

GMC 有趣的培训里，有"图画经营"课（Art in Management），引导学生用图画、漫画等方式来表达自己的思想。让他们通过实际的绘画，学会用图画、漫画等方式传达自己的目标和想法，进而锻炼个人的发散思维和表达能力。

21 世纪是亚洲的时代，正逐渐从过去的以金钱为中心发展为现在的以人脉、人才为中心。

GMC 的学生来自中国各个地方，北到哈尔滨工大，南到中山大学，西到西安交大、四川大学，当然还有北京大学、清华大学、GMC 的核心学校武汉大学和华中科技大学等，我梦想着他们能建立一张珍贵的人脉关系网。

从一个学校里毕业，可能能在那一个学校建立相关的人脉关系网，但要与其他大学建立相关的人脉关系网是很难的。然而在 GMC，这不是问题。

由 1 000 名毕业生组成的"AIC（Asia Intelligence Crowd）组织"是我们的目标。我确信，这个由年轻人组成的专业经营者集团可以在中国、日本乃至整个亚洲掀起一阵风潮，活跃在各种各样的舞台上，亚洲、中国乃至世界。

"育人和经营是没有国界的"。

我确定，只要有追求、有目标，并努力把它创造出来变为现实就是真正的创新，这也是这七年间我们的成绩。从 GMC 毕业成为 AIC 成员的人数也逐渐达到200 名左右了。

在挑战前所未有的新鲜事物时，很可惜的是，没有前人为你铺好路，你只能抱着明确的目标自己去逐一地解决问题。当然一个人不可能完成所有的事情，这时候你需要许多能够帮助你的同伴。模仿总是简单的，原创总是困难的，很快就会有模仿你的竞争对手出现了。

T 型人才（知识的深度和广度兼备），也就是拥有不同领域广泛的知识和专业性很深的体验、经验的人才能创造出新的东西。我期待"GMC"与其毕业生AIC，作为"头脑集团领导者人才"凭借 JAC（Japan Asia China）的力量，能在21 世纪的舞台上大放光彩。

创造力是一个人综合能力水平的标志，一个人具有的创造力是决定他成为一流、二流人才的分水岭。创造力可引领和开发一种潮流，比如八角形住宅的推广；创造力可以改变某些事物的格局，比如"美丽茶"的研发与推广。大到人类文明历史的演进是创造力实现的结果，小到小小技术的创新也离不开创造力。

怎么才能做到有创造力？怎样才能是被认可的创造力？我曾提出人格魅力有三点：淳朴的心、灵活的头脑、挑战力（行动力）。即：人只有保持一颗淳朴的心才能保持强烈的求知欲和前进的欲望；灵活的头脑就是要求人摆脱固定观念的束缚，思想与世界变化趋势相吻合，拥有战略性的长远眼界，举一反三、推陈出新、发散思维、聚合思维都是灵活的头脑所必备的，更是创造力的支撑；挑战力（行动力）是人面对困难时所作出的行动决断，往往越有创造力的东西付诸实际时会遇到越大的阻力，因为创造力的思想远远地超出了常人的思维领域。书中具体事例中都可以表明行动力对创造力的发挥起到了巨大作用，比如八角形住宅推出之时面对的是四角形住宅固定模式的阻碍，但是在强大的行动力的推动下最终得以推广。Carpenter 队伍初建之时遇到种种质疑与不安，同样在英明领导者的决断下，这支队伍逐渐被认可接受。所以说，创造力依托的是淳朴的心灵和灵活的头脑，但是要实现创造力的价值则离不开挑战力（行动力）的推动。

图书在版编目（CIP）数据

杉山育人笔记/（日）杉山定久著 . —北京：中国人民大学出版社，2013.5
（南富士育人丛书）
ISBN 978-7-300-17441-9

Ⅰ. ①杉… Ⅱ. ①杉… Ⅲ. ①成功心理–通俗读物 Ⅳ. ①B848.4-49

中国版本图书馆 CIP 数据核字（2013）第 094817 号

南富士育人丛书
杉山育人笔记
杉山定久　著
Shanshan Yuren Biji

出版发行	中国人民大学出版社	
社　址	北京中关村大街 31 号	**邮政编码**　100080
电　话	010 – 62511242（总编室）	010 – 62511398（质管部）
	010 – 82501766（邮购部）	010 – 62514148（门市部）
	010 – 62515195（发行公司）	010 – 62515275（盗版举报）
网　址	http://www.crup.com.cn	
	http://www.ttrnet.com（人大教研网）	
经　销	新华书店	
印　刷	北京中印联印务有限公司	
规　格	170 mm×240 mm　16 开本	**版　次**　2013 年 6 月第 1 版
印　张	12 插页 1	**印　次**　2013 年 6 月第 1 次印刷
字　数	161 000	**定　价**　32.00 元